高等职业教育系列教材

CAXA 制造工程师 2013 项目教程

主　　编　赵永刚
副主编　邢勇香
参　　编　刘光定
主　　审　潘爱民

机械工业出版社

本书基于项目教学法,通过5个项目介绍 CAXA 制造工程师 2013 的使用技巧,主要内容包括初识 CAD/CAM 软件——CAXA 制造工程师 2013、二维图形及三维线架的绘制、曲面造型、实体特征造型、零件加工 5 个项目,通过知识链接、拓展训练等环节更好地让读者理解和掌握相关知识,便于读者提高综合造型和加工能力。

本书既可以作为高等职业院校数控技术、模具设计与制造、计算机辅助设计与制造等专业的教学用书,也可作为软件认证培训教材及从事相关专业的广大工程技术人员的参考用书。

本书提供授课电子教案和案例源文件,需要的教师可登录机械工业出版社教育服务网(网址:http://www.cmpedu.com)免费注册后下载,或联系编辑索取(微信:15910938545,电话:010-88379739)。

图书在版编目(CIP)数据

CAXA 制造工程师 2013 项目教程/ 赵永刚主编 . —北京:机械工业出版社,2016.1(2024.1 重印)
高等职业教育系列教材
ISBN 978-7-111-52471-7

Ⅰ.① C… Ⅱ.① 赵… Ⅲ.① 数控机床-计算机辅助设计-应用软件-高等职业教育-教材 Ⅳ.① TG659

中国版本图书馆 CIP 数据核字(2015)第 300778 号

机械工业出版社(北京市百万庄大街 22 号 邮政编码 100037)
责任编辑:曹帅鹏 责任校对:张艳霞
责任印制:张 博

北京雁林吉兆印刷有限公司印刷

2024 年 1 月第 1 版·第 10 次印刷
184mm×260mm·12.25 印张·301 千字
标准书号:ISBN 978-7-111-52471-7
定价:29.90 元

电话服务 网络服务

客服电话:010-88361066 机 工 官 网:www.cmpbook.com
　　　　　010-88379833 机 工 官 博:weibo.com/cmp1952
　　　　　010-68326294 金 书 网:www.golden-book.com
封底无防伪标均为盗版 机工教育服务网:www.cmpedu.com

前　言

CAXA 制造工程师是拥有我国自主知识产权的 CAD/CAM 软件系统，已经成为中国制造业加工制造领域应用广泛的计算机辅助制造软件之一。其由于具有功能强、易掌握、使用方便、符合国内加工制造人员的使用习惯等特点而受到国内加工制造人员的喜爱，被广泛应用于机械制造领域。

CAXA 制造工程师 2013 是北航海尔软件公司推出的版本，该版本在运行速度、整体处理能力等方面进行了优化，在 CAD/CAM 软件家族中处于领先地位，在计算机辅助制造领域有较高的市场占有率，一经推出就深受用户的欢迎。

为了满足高职院校的教学需要，加快我国高素质紧缺型、技能型人才培养的步伐，根据《教育部关于全面提高高等职业教育教学质量的若干意见》文件精神，积极探索课程改革模式，本书本着"适度、必需、够用"的原则，以"项目导向、任务驱动、工学结合"的教学模式进行编写，突出实用性，以实例任务为教学单元，特别强调以实训为主要教学手段，注意对学生动手能力的训练，加强对学生主动思维能力的培养。

本书的内容组织充分考虑教学规律，由浅入深，图文并茂，少讲理论，多讲操作，结合计算机辅助制造的特点，以通俗的语言进行编写，使得本书不仅可供教学和从事相关专业的工作人员学习和参考，还可作为初学者或培训班的教材。

本书是机械工业出版社组织出版的"高等职业教育系列教材"之一，由赵永刚担任主编，由郑州电力职业技术学院的潘爱民教授担任主审，内容编写分工为：项目1、项目3 由邢勇香编写，项目2 由刘光定编写，项目4、项目5 由赵永刚编写，并负责统稿工作。

由于编者水平有限，书中的错误和不足之处在所难免，恳请各位专家和读者批评指正。

编　者

目　录

项目 1 初识 CAD/CAM 软件——CAXA 制造工程师 2013

【学习目标】

- 了解 CAXA 制造工程师 2013 软件的特点、功能和使用界面。
- 掌握文件管理、显示、工具和常用快捷键。

学习准备 1.1 CAXA 制造工程师 2013 简介

CAXA 是中国领先的计算机辅助设计（Computer Aided Design，CAD）和产品生命周期管理（Product Lifecycle Management，PLM）软件供应商，拥有完全自主知识产权的系列化的 CAD、CAPP、CAM、DNC、PDM、MPM 等软件产品和解决方案，覆盖了设计、工艺、制造和管理四大领域，产品广泛应用在装备制造、电子电器、汽车、国防军工、教育等各个行业，有超过 2.5 万家企业用户和 2000 所院校用户。CAXA 制造工程师是具有卓越工艺性的数控编程软件，它高效易学、操作灵活，为数控加工行业提供了从建模、设计到加工代码生成、加工仿真、代码校验等一体化的解决方案，是我国应用最广泛、最具有代表性的 CAD/CAM 软件之一。

1.1.1 CAXA 制造工程师 2013 软件的特点和功能

1. 实体曲面结合

（1）方便的特征实体造型

CAXA 制造工程师采用精确的特征实体造型技术，可将设计信息用特征术语来描述，简便而准确。通常的特征包括孔、槽、型腔、凸台、圆柱体、圆锥体、球体、管子等，CAXA 制造工程师可以方便地建立和管理这些特征信息。其先进的"精确特征实体造型"技术完全抛弃了传统的体素拼合和交并差的繁琐方式，使整个设计过程直观、简单。

实体模型的生成可以用增料方式，通过拉伸、旋转、导动、放样或加厚曲面来实现；也可以通过减料方式，从实体中减掉实体或用曲面裁剪来实现；还可以用等半径过渡、变半径过渡、倒角、打孔、增加拔模斜度和抽壳等高级特征功能来实现。

（2）强大的 NURBS 自由曲面造型

CAXA 制造工程师 2013 继承和发展了 CAXA 制造工程师以前的版本的曲面造型功能，从线框到曲面提供了丰富的建模手段，可通过列表数据、数学模型、字体文件及各种测量数据生成样条曲线；可通过扫描、放样、拉伸、导动、等距、边界网格等多种形式生成复杂曲面；并可对曲面进行任意裁剪、过渡、拉伸、缝合、拼接、相交、变形等，建立任意复杂的零件模型。通过曲面模型生成的真实感图可直观显示设计结果。

1

（3）灵活的曲面实体复合造型

CAXA制造工程师基于实体的"精确特征造型"技术，使曲面融合进实体中，形成统一的曲面实体复合造型模式。利用这一模式可实现曲面裁剪实体、曲面生成实体、曲面约束实体等混合操作，是用户设计产品和模具的有力工具。图1-1、图1-2所示为生成的实体模型。

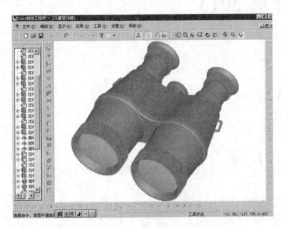 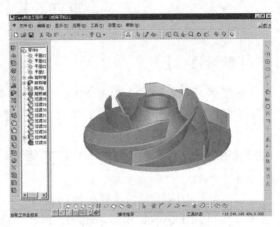

图1-1　ME生成的望远镜模型　　　　　　图1-2　ME生成的叶轮模型

2. 优质高效的数控加工

CAXA制造工程师将CAD模型与CAM加工技术无缝集成，可直接对曲面、实体模型进行一致的加工操作。它支持先进实用的轨迹参数化和批处理功能，明显提高了工作效率；支持高速切削，大幅度提高了加工效率和加工质量。通用的后置处理可向任何数控系统输出加工代码。

（1）两轴到三轴的数控加工功能

1）两轴到两轴半加工方式：可直接利用零件的轮廓曲线生成加工轨迹指令，而无须建立其三维模型；提供了轮廓加工和区域加工功能，加工区域内允许有任意形状和数量的岛；可分别指定加工轮廓和岛的拔模斜度，自动进行分层加工。

2）三轴加工方式：多样化的加工方式可以安排从粗加工、半精加工到精加工的加工工艺路线。

（2）支持高速加工

CAXA制造工程师支持高速切削工艺，提高产品精度，降低代码数量，使加工质量和效率大大提高。

（3）参数化轨迹编辑和轨迹批处理

CAXA制造工程师的"轨迹再生成"功能可实现参数化轨迹编辑。用户只需选中已有的数控加工轨迹，修改原定义的加工参数表，即可重新生成加工轨迹。

CAXA制造工程师可以先定义加工轨迹参数，而立即生成轨迹。工艺设计人员可先将大批加工轨迹参数事先定义而在某一集中时间批量生成，合理地优化了工作时间。

（4）加工工艺控制

CAXA制造工程师提供了丰富的工艺控制参数，可以方便地控制加工过程，使编程人员的经验得到充分体现。

（5）加工轨迹仿真

CAXA 制造工程师提供了轨迹仿真手段以检验数控代码的正确性，可以通过实体真实感仿真，如实地模拟加工过程，展示加工零件的任意截面，显示加工轨迹。

（6）通用后置处理

CAXA 制造工程师提供的后置处理器，无须生成中间文件就可以直接输出 G 代码控制指令。不仅提供了常见的数控系统的后置格式，用户还可以定义专用数控系统的后置处理格式。

3. 新技术的知识加工

CAXA 制造工程师专门提供了知识加工功能，针对复杂曲面的加工为用户提供了一种零件整体加工思路，用户只需观察出零件整体模型是平坦或者陡峭，运用编程和加工经验就可以快速完成加工过程。编程和加工经验是靠知识库的参数设置来实现的。知识库参数的设置应由编程和加工经验丰富的工程师来完成，设置好后可以存为一个文件，文件名可以根据自己的习惯任意设置。有了知识库加工功能，可以使编程者工作起来更轻松，新的编程者可以直接利用已有的加工工艺和加工参数，很快地学会编程，先进行加工，再进一步深入学习其他的加工功能。

4. Windows 界面操作

CAXA 制造工程师基于计算机平台，采用原创 Windows 菜单和交互，全中文界面，让用户一见如故，轻松、流畅地学习和操作。它全面支持英文、简体和繁体中文 Windows 环境，具备流行的 Windows 原创软件特色，支持图标菜单、工具栏、快捷键的用户定制，用户可自由创建符合自己习惯的操作环境。

5. 丰富流行的数据接口

CAXA 制造工程师是一个开放的设计及加工工具，提供了丰富的数据接口，它们包括直接读取市场上流行的三维 CAD 软件（如 CATIA、Pro/E）的数据接口；基于曲面的 DXF 和 IGES 标准图形接口，基于实体的 STEP 标准数据接口；Parasolid 几何核心的 X－T、X－B 格式文件；ACIS 几何核心的 SAT 格式文件；面向快速成型设备的 STL 以及面向 Internet 和虚拟现实的 VRML 等接口，这些接口保证了与世界流行的 CAD 软件进行双向数据交换，使企业可以跨平台和跨地域与合作伙伴实现虚拟产品开发和生产。

1.1.2 启动 CAXA 制造工程师

1. 系统需求

CAXA 制造工程师以计算机为硬件平台。最低要求：英特尔"酷睿"双核处理器 2.0 GHz，2 GB 内存；10 G 硬盘。推荐配置：英特尔"酷睿"I5 处理器 2.8 GHz，3 G 以上内存；20 G 以上硬盘。它支持 OpenGL 硬件加速，可运行于 WinXP、Win2003、Win7 系统平台之上。

2. 系统运行

有两种方法可以运行 CAXA 制造工程师。

1）正常安装完成时在 Windows 桌面上会出现"CAXA 制造工程师"的图标，双击"CAXA 制造工程师"图标就可以进入软件。

2）用户也可以单击桌面左下角的"开始"按钮，选择"程序"→"CAXA 制造工程师"→"CAXA 制造工程师"命令进入软件。

学习准备 1.2　CAXA 制造工程师 2013 基础知识

1.2.1　界面介绍

用户界面（简称界面）是交互式 CAD/CAM 软件与用户进行信息交流的中介，系统通过界面反映当前信息状态将要执行的操作，用户按照界面提供的信息做出判断，并经由输入设备进行下一步的操作。

制造工程师的用户界面如图 1-3 所示，和其他 Windows 风格的软件一样，它的各种应用功能通过菜单和工具栏驱动；状态栏指导用户进行操作并提示当前状态和所处位置；特征树记录了历史操作和相互关系；绘图区显示各种功能操作的结果；同时，绘图区和特征树为用户提供了数据的交互功能。

制造工程师工具栏中的每一个图标都对应一个菜单命令，单击图标和选择菜单命令的作用是完全一样的。

1. 绘图区

绘图区是用户进行绘图设计的工作区域，如图 1-3 所示。它们位于屏幕的中心，并占据了屏幕的大部分面积，广阔的绘图区为显示全图提供了清晰的空间。

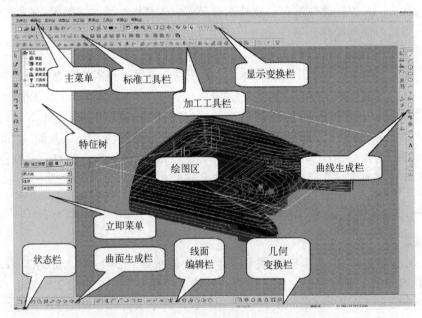

图 1-3　CAXA 制造工程师的操作界面

在绘图区的中央设置了一个三维直角坐标系，该坐标系称为世界坐标系。它的坐标原点为"0.0000, 0.0000, 0.0000"。用户在操作过程中的所有坐标均以此坐标系的原点为基准。

2. 主菜单

主菜单是界面最上方的菜单条，单击菜单条中的任意一个菜单项都会弹出一个下拉式菜单，指向某一个菜单项会弹出其子菜单。菜单条与子菜单构成了下拉菜单，如图1-4所示。

主菜单包括文件、编辑、显示、造型、加工、工具、设置和帮助，每个菜单项都含有若干个下拉菜单。

单击主菜单中的"造型"，指向下拉菜单中的"曲线生成"，然后单击其子菜单中的"直线"，界面左侧会弹出一个立即菜单，并在状态栏中显示相应的操作提示和执行命令状态。

3. 立即菜单

立即菜单描述了某项命令执行的各种情况和使用条件。用户根据当前的作图要求，正确地选择某一选项，即可得到准确的响应。在图1-3中显示的是画直线的立即菜单。

在立即菜单中用鼠标选取其中的某一项（例如"两点线"），便会在下方出现一个选项菜单或者改变该项的内容。

4. 对话框

某些菜单选项要求用户以对话的形式予以回答，在单击这些菜单时系统会弹出一个对话框，如图1-5所示，用户可根据当前操作做出响应。

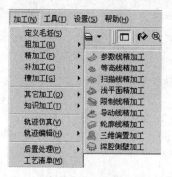

图1-4　下拉菜单

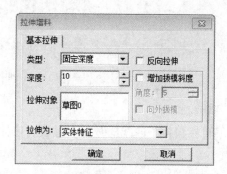

图1-5　对话框

5. 工具栏

在工具栏中可以通过鼠标左键单击相应的按钮进行操作。工具栏可以自定义，界面上的工具栏包括标准工具栏、显示变换栏、状态控制栏、几何变换栏、曲线生成栏、线面编辑栏、曲面生成栏、特征生成栏和加工工具栏。

（1）标准工具栏

标准工具栏包含了标准的"打开""打印"等Windows图标，也有制造工程师的"线面可见""层设置""拾取过滤设置""当前颜色"图标，如图1-6所示。

图1-6　标准工具栏

（2）显示变换栏

显示变换栏包含了"显示缩放"、"显示平移"、"视向定位"等选择显示方式的图标，

5

如图 1-7 所示。

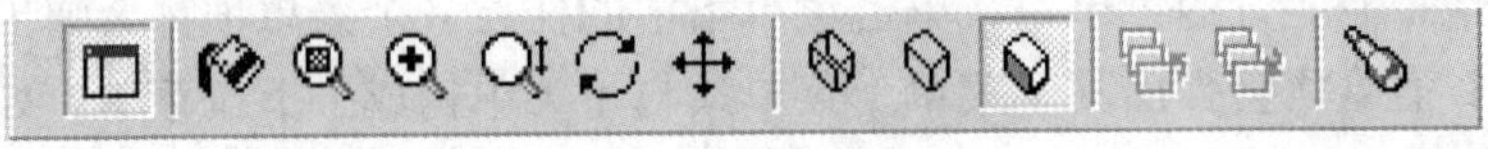

图 1-7　显示变换栏

（3）状态控制栏

状态控制栏包含了"终止当前命令"和"绘制草图""启动数据接口"功能，如图 1-8 所示。

（4）几何变换栏

几何变换栏包含了"平移""镜像""旋转""阵列"等几何变换工具，如图 1-9 所示。

图 1-8　状态控制栏 　　　　　　　图 1-9　几何变换栏

（5）曲线生成栏

曲线生成栏包含了"直线""圆弧""公式曲线"等丰富的曲线绘制工具，如图 1-10 所示。

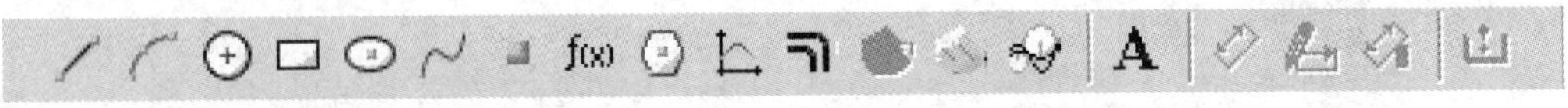

图 1-10　曲线生成栏

（6）线面编辑栏

线面编辑栏包含了曲线的裁剪、过渡、拉伸和曲面的裁剪、过渡、缝合等编辑工具，如图 1-11 所示。

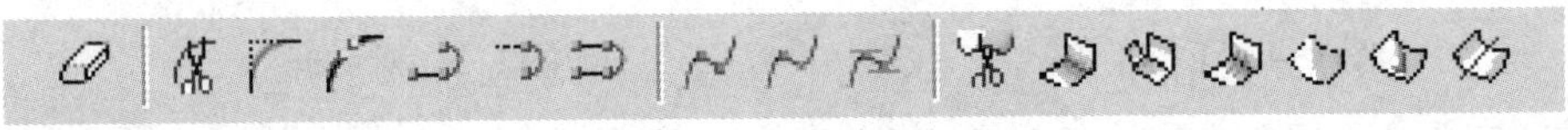

图 1-11　线面编辑栏

（7）曲面生成栏

曲面生成栏包含了"直纹面""旋转面""扫描面"等曲面生成工具，如图 1-12 所示。

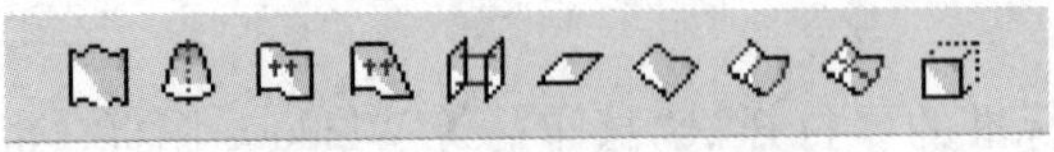

图 1-12　曲面生成栏

（8）特征生成栏

特征生成栏包含了"拉伸""导动""过渡""阵列"等丰富的特征造型手段，如图 1-13 所示。

（9）加工工具栏

加工工具栏包含了"粗加工""精加工""补加工"等加工功能，如图 1-14 所示。

图 1-13　特征生成栏

图 1-14　加工工具栏

6. 工具点菜单

工具点就是在操作过程中具有几何特征的点，如圆心点、切点、端点等。

工具点菜单就是用来捕捉工具点的菜单。用户进入操作命令，需要输入特征点时，只要按下空格键，即可在屏幕上弹出工具点菜单，如图 1-15 所示。

7. 矢量工具

矢量工具主要用来选择方向，在生成曲面时经常用到，如图 1-16 所示。

图 1-15　工具点菜单

图 1-16　矢量工具

8. 选择集拾取工具

拾取图形元素（点线面）的目的就是根据作图的需要在已经完成的图形中选取作图所需的某个或某几个元素。

选择集拾取工具是用来方便地拾取需要的元素的工具。拾取元素的操作是用户经常要用到的操作，应当熟练地掌握它。

已选中的元素集合称为选择集。当交互操作处于拾取状态（工具菜单提示出现"添加状态"或"移出状态"）时用户可通过选择集拾取工具来改变拾取的特征，如图 1-17 所示。

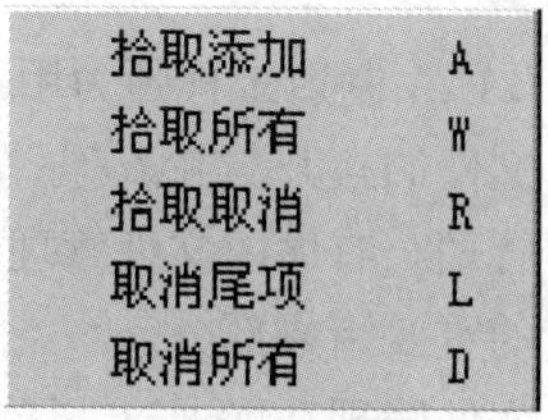

图 1-17　选择集拾取工具

（1）拾取所有

拾取所有就是拾取画面上所有的元素，但系统规定在所有被拾取的元素中不应含有拾取设置中被过滤掉的元素或被关闭图层中的元素。

（2）拾取添加

指定系统为拾取添加状态，此后拾取到的元素将放到选择集中（拾取操作有两种状态，

7

即"添加状态"和"移出状态")。

（3）取消所有

所谓取消所有，就是取消所有被拾取到的元素。

（4）拾取取消

拾取取消的操作就是从拾取到的元素中取消某些元素。

（5）取消尾项

执行本项操作可以取消最后拾取到的元素。

上述几种拾取元素的操作都是通过鼠标来完成的，也就是说，通过移动鼠标对准待选择的某个元素，然后单击鼠标左键，即可完成拾取的操作。被拾取的元素呈拾取加亮颜色的显示状态（默认为红色），以示与其他元素的区别。

9. 常用功能键及快捷键

CAXA 制造工程师的常用功能键及快捷键见表 1-1。

表 1-1　CAXA 制造工程师的常用功能键及快捷键

常用键	功　　能
F1	打开系统帮助
F2	转换草图状态与非草图状态
F3	显示全部图形
F4	刷新当前屏幕
F5	显示 XOY 平面
F6	显示 YOZ 平面
F7	显示 XOZ 平面
F8	显示轴测图
F9	在 XOY、YOZ、XOZ 三个平面之间切换作图平面
鼠标左键	激活菜单、确定位置点、拾取元素
鼠标右键	确认拾取、结束操作、终止命令
鼠标中键	中键滚轮滚动为缩放模型，按住中键滚轮移动鼠标为旋转模型

1.2.2　文件管理

CAXA 制造工程师为用户提供了功能齐全的文件管理系统，其中包括文件的建立与存储、文件的打开与并入等。用户使用这些功能可以灵活、方便地对原有文件或屏幕上的信息进行管理。有序的文件管理环境既方便了用户的使用，又提高了工作的效率，它是软件不可缺少的重要组成部分。

文件管理功能通过主菜单中的"文件"下拉菜单来实现，选择该菜单项，系统将弹出一个下拉菜单，如图 1-18 所示。

选择相应的菜单项，即可实现对文件的管理操作，下面将按照下拉菜单列出的菜单内容，向读者介绍各类文件管理操作方法。

1. 新建

如果要创建新的 ME 数据文件，选择"文件"下拉菜单中的"新建"命令或者直接单击 □ 图标。

在建立一个新文件后，用户就可以应用图形绘制、实体造型和轨迹生成等各项功能随心所欲地进行各种操作了。但是用户必须记住，当前的所有操作结果都记录在内存中，只有在存盘以后，用户的成果才会被永久地保存下来。

2. 打开

打开一个已有的 CAXA 制造工程师存储的数据文件，并为非制造工程师的数据文件格式提供相应接口，使在其他软件上生成的文件也可以通过此接口转换成制造工程师的文件格式，并进行处理。

在 CAXA 制造工程师中可以读入 ME 数据文件 mxe、零件设计数据文件 epb、ME1.0 和 ME2.0 数据文件 csn、Parasolid x_t 文件、Parasolid x_b 文件、dxf 文件、IGES 文件和 DAT 数据文件。

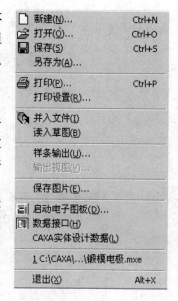

图 1-18 "文件"下拉菜单

1）选择"文件"下拉菜单中的"打开"命令，或者直接单击📂图标，弹出"打开"对话框，如图 1-19 所示。

2）如图 1-20 所示，选择相应的文件类型并选中要打开的文件名，单击"打开"按钮。

● 使用压缩方式存储文件：将文件进行压缩后存储，容量比不压缩时要小。

● 预显：打开时，可以预览所绘制图形的形状。

图 1-19 "打开"对话框

3. 保存

保存指将当前绘制的图形以文件形式存储到磁盘上。

1）选择"文件"下拉菜单中的"保存"命令，或者直接单击🖫图标，如果当前没有文件名，则系统会弹出"存储文件"对话框，如图 1-21 所示。

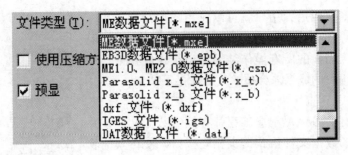

图 1-20　打开的文件类型

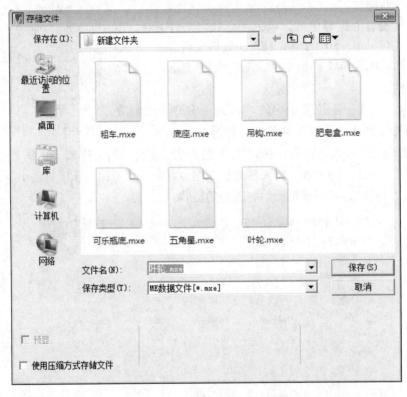

图 1-21　"存储文件"对话框

2）在该对话框的"文件名"文本框内输入一个文件名，单击"保存"按钮，系统即按所给文件名存盘。文件类型可以选用 ME 数据文件 mex、EB3D 数据文件 epb、Parasolid x_t 文件、Parasolid x_b 文件、dxf 文件、IGES 文件、VRML 数据文件、STL 数据文件和 EB97 数据文件。

3）如果当前文件名存在，则系统直接按当前文件名存盘。经常把结果保存起来是一个好习惯，这样可以避免因发生意外而丢失成果。

4. 另存为

另存为指将当前绘制的图形另取一个文件名存储到磁盘上。

1）选择"文件"下拉菜单中的"另存为"命令，系统弹出"存储文件"对话框。

2）在该对话框的"文件名"文本框内输入一个文件名，单击"保存"按钮，系统将文件另存为所给文件名。

注意：

"保存"和"另存为"时的 eb97 格式，只有线框显示下的实体轮廓能够输出。

5. 并入文件

并入文件指并入一个实体或者线面数据文件（DAT、IGES、dxf），与当前图形合并为一个图形。

注意：

1）在采用"拾取定位的 X 轴"方式时，轴线为空间直线。

2）在选择文件时要注意文件的类型，不能直接输入 ∗.mxe、∗.epb 文件，先将零件存成 ∗.x_t 文件，然后进行并入文件操作。

3）在并入文件时，基体尺寸应比输入的零件稍大。

项目 2 二维图形及三维线架的绘制

【学习目标】

- 掌握各种二维绘图命令及标注的使用方法。
- 掌握三维线架绘制的各种命令的使用方法和使用范围。
- 能够熟练绘制二维平面图形。
- 能够熟练绘制三维线架模型。

★知识链接★

CAXA 制造工程师为曲线绘制提供了 16 项功能，即直线、圆弧、圆、矩形、椭圆、样条、点、公式曲线、多边形、二次曲线、等距线、曲线投影、相关线、样条线、圆弧和文字，用户可以利用这些功能方便、快捷地绘制出各种各样复杂的图形。曲线绘制命令的功能及使用方法见表 2-1。

表 2-1 曲线绘制命令的功能及使用方法

命令	功 能	图 例	注 意 事 项
直线	两点线： 按给定两点画一条直线段，或按给定的连续条件画连续的直线段		◆ 非正交：可以画任意方向的直线，包括正交的直线。 ◆ 正交：指所画直线与坐标轴平行。 ◆ 点方式：指定两点来画出正交直线。 ◆ 长度方式：按指定长度和点来画出正交直线
	平行线： 按给定距离绘制与已知线段平行且长度相等的单向或双向平行线段		◆ 过点：指过一点做已知直线的平行线。 ◆ 距离：指按照固定的距离做已知直线的平行线。 ◆ 条数：可以同时做出的多条平行线的数目
	角度线： 生成与坐标轴或某条直线成一定夹角的直线		◆ 与 X 轴夹角：所做直线从起点与 X 轴正方向之间的夹角。 ◆ 与 Y 轴夹角：所做直线从起点与 Y 轴正方向之间的夹角。 ◆ 与直线夹角：所做直线从起点与已知直线之间的夹角
	角等分线： 按给定等分数、给定长度画一条直线段将一个角等分		根据提示拾取绘图要素

命令	功 能	图 例	注 意 事 项
直线	水平/铅垂线： 生成平行或垂直于当前平面坐标轴的给定长度的线段		根据提示拾取绘图要素
	切线/法线： 过给定点做已知曲线的切线或法线		根据提示拾取绘图要素
圆弧	三点圆弧： 过三点画圆弧，其中第一点为起点，第三点为终点，第二点决定圆弧的位置和方向		◆ 点的输入有两种方式：按空格键拾取工具点和按回车键直接输入坐标值。 ◆ 在绘制圆弧或圆时状态栏中动态显示半径大小
	圆心_起点_圆心角： 已知圆心、起点及圆心角或终点画圆弧		
	圆心_半径_起终角： 由圆心、半径和起终角画圆弧		
	两点_半径： 已知两点及圆弧半径画圆弧		
整圆	圆心_半径： 已知圆心和半径画圆		应根据图形的已知条件选择画圆的方式
	三点： 过已知三点画圆		
	两点_半径： 已知圆上两点和半径画圆		
矩形	两点矩形： 给定对角线上的两点绘制矩形		给出对角线的起点和终点，矩形生成
	中心_长_宽： 给定长度和宽度尺寸值来绘制矩形		给出矩形的中心和长宽尺寸，矩形生成

命令	功　能	图　例	注　意　事　项
椭圆	用鼠标或键盘输入椭圆中心，然后按给定参数画一个任意方向的椭圆或椭圆弧	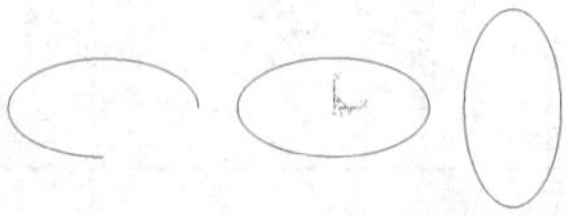	◆ 长半轴：指椭圆的长轴尺寸值。 ◆ 短半轴：指椭圆的短轴尺寸值。 ◆ 旋转角：指椭圆的长轴与默认起始基准间的夹角。 ◆ 起始角：指画椭圆弧时起始位置与默认起始基准所夹的角度。 ◆ 终止角：指画椭圆弧时终止位置与默认起始基准所夹的角度
正多边形	边： 根据输入边数绘制正多边形	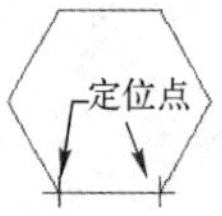 定位点	根据图形的已知条件选择画正多边形的方式
	中心： 以输入点为中心绘制内切或外接多边形	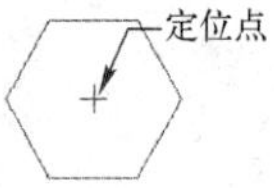 定位点	
等距线	等距： 按照给定的距离做曲线的等距线		给出等距的距离和方向
	变等距： 按照给定的起始和终止距离做沿给定方向变化距离的曲线的变等距线		给出等距的距离（从小到大）和方向

任务 2.1　连杆轮廓图的绘制

【任务描述】

完成如图 2-1 所示的连杆轮廓图的绘制。

【任务分析】

绘图的基本步骤如图 2-2 所示。

【任务实施】

1）在特征树的特征管理栏中右键单击"平面 XY"，选择"创建草图"命令，进入草图状态，如图 2-3 所示。

2）单击"整圆" ⊙图标，以"圆心_半径"的方式画圆，单击原点作为圆心，按回车键后输入半径 20，继续按回车键输入半径 10，单击右键结束，完成同心圆的绘制，如图 2-4 所示。

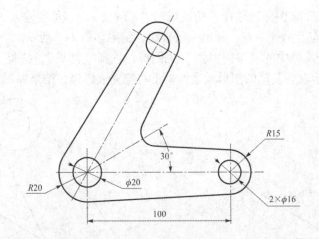

图 2-1　连杆轮廓图

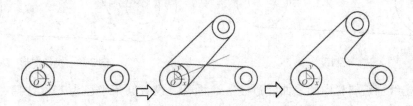

图 2-2　连杆轮廓图的绘制的基本步骤

图 2-3　创建草图

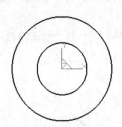

图 2-4　绘制同心圆

3）单击"整圆"⊙图标，以"圆心_半径"的方式画圆，输入圆心坐标"100，0，0"，按回车键后输入半径15，继续按回车键输入半径8，单击右键结束，完成右侧同心圆的绘制，如图2-5所示。

4）单击"直线"✐图标，选择"两点线""单个""非正交"，按空格键选择"切点"单击两圆接近切点的位置，画出切线，结果如图2-6所示。

图 2-5　绘制右侧同心圆

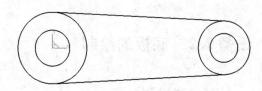

图 2-6　绘制切线

5）单击"直线" ✐图标，选择"角度线""X轴夹角"，角度输入30，按空格键选择"缺省点"，单击原点及另外一点，画出一条直线，结果如图2-7所示。

6）单击几何变换栏中的"平面镜像" ⚓图标，选择"拷贝"，按提示选择镜像线的两个端点，然后分别拾取要复制的图形元素，单击右键完成操作，结果如图2-8所示。

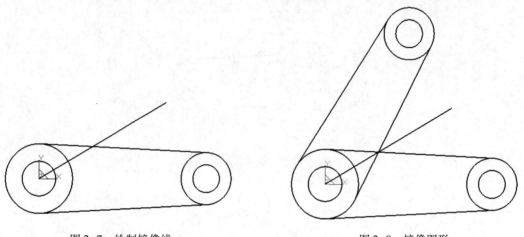

图2-7　绘制镜像线　　　　　　　　　　　图2-8　镜像图形

7）单击线面编辑栏中的"曲线过渡" ◣图标，设置圆角半径为15，选择"裁剪曲线1"、"裁剪曲线2"，单击要倒圆角的两条直线完成操作。

8）单击线面编辑栏中的"删除" ✐图标，然后单击镜像线，通过右键确认完成操作，结果如图2-9所示。

9）单击线面编辑栏中的"曲线裁剪" ✂图标，分别单击需要裁掉的曲线，通过右键确认完成裁剪，结果如图2-10所示。

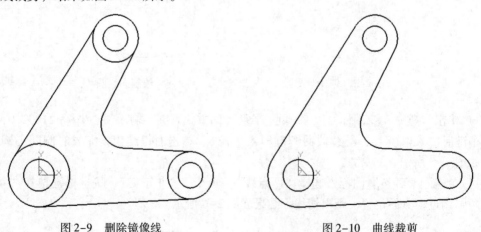

图2-9　删除镜像线　　　　　　　　　　　图2-10　曲线裁剪

任务2.2　底板的绘制

【任务描述】

完成如图2-11所示的底板二维图的绘制。

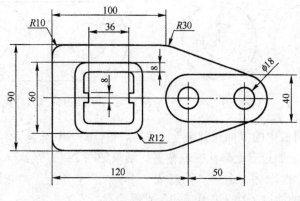

图2-11　底板二维图

【任务分析】

绘图的基本步骤如图2-12所示。

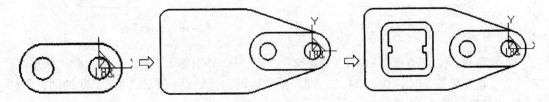

图2-12　底板二维图绘制的基本步骤

【任务实施】

1）在特征树的特征管理栏中右键单击"平面XY"，选择"创建草图"命令，进入草图状态，如图2-13所示。

2）单击"整圆"⊙图标，以"圆心_半径"的方式画圆，单击原点作为圆心，按回车键后输入半径20，继续按回车键输入半径9，单击右键结束，完成同心圆的绘制，如图2-14所示。

　　　　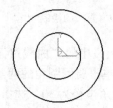

图2-13　创建草图　　　　　　图2-14　绘制同心圆

3）单击几何变换栏中的"平移"⚙图标，选择"偏移量""拷贝"方式，在"DX ="文本框中输入-50，按提示拾取半径为9和20的同心圆，单击右键确认，完成左侧同心圆的绘制，如图2-15所示。

4）单击"直线"✐图标，选择"两点线""单个""非正交"，按空格键选择"切点"单击两圆接近切点的位置，画出切线，结果如图2-16所示。

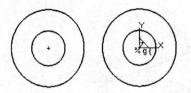
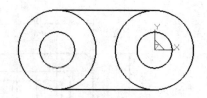

图 2-15　同心圆的平移　　　　　　　　　图 2-16　切线的绘制

5）单击线面编辑栏中的"曲线裁剪" 图标，选择"快速裁剪""正常裁剪"，分别单击需要裁掉的曲线，通过右键确认完成裁剪，结果如图 2-17 所示。

6）单击"直线" 图标，选择"两点线""单个""正交""长度"，分别输入 170、45，按提示完成直线的绘制，结果如图 2-18 所示。

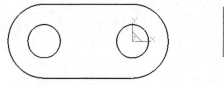

图 2-17　曲线裁剪　　　　　　　　　　　图 2-18　直线绘制

7）继续选择"两点线""单个""正交""长度"，分别输入 100，然后选择"两点线""单个""非正交"，单击直线 100 的右端，按空格键选择切点，单击半径为 20 的圆弧的切点附近，结果如图 2-19 所示。

8）单击几何变换栏中的"平面镜像" 图标，选择"拷贝"，按提示选择镜像线的两个端点，然后分别拾取要复制的图形元素，单击右键完成操作，结果如图 2-20 所示。

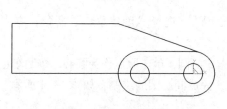
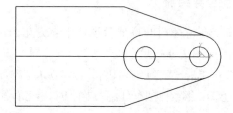

图 2-19　直线的绘制　　　　　　　　　　图 2-20　平面镜像

9）单击线面编辑栏中的"曲线过渡" 图标，设置圆角半径为 10，选择"裁剪曲线 1"、"裁剪曲线 2"，单击要倒圆角的两条直线完成操作，结果如图 2-21 所示。

10）继续设置圆角半径为 30，选择"裁剪曲线 1"、"裁剪曲线 2"，单击要倒圆角的两条直线完成操作，结果如图 2-22 所示。

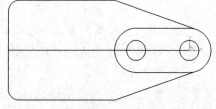
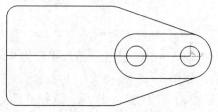

图 2-21　曲线过渡　　　　　　　　　　　图 2-22　曲线过渡

11）单击曲线生成栏中的"等距线" 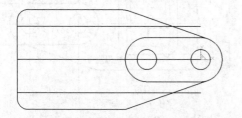 图标，"距离"输入 30，拾取中心线，选择向外箭头，同理做出另一侧，结果如图 2-23 所示。

12）分别输入距离 20 和 80，按提示拾取左端直线，选择向右箭头，结果如图 2-24 所示。

图 2-23　等距曲线

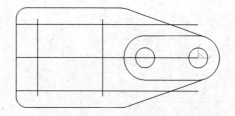

图 2-24　等距曲线

13）单击线面编辑栏中的"曲线过渡" 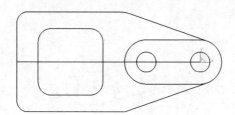 图标，设置圆角半径为 12，选择"裁剪曲线1"、"裁剪曲线 2"，单击要倒圆角的两条直线完成操作，结果如图 2-25 所示。

14）单击曲线生成栏中的"等距线" 图标，"距离"输入 8，分别拾取刚才所画直线，选择向内箭头，结果如图 2-26 所示。

图 2-25　曲线过渡

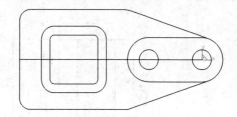

图 2-26　等距曲线

15）重复使用"等距线"命令，"距离"输入 4，拾取中心线，选择向外箭头，同理做出另一侧，结果如图 2-27 所示。

16）重复使用"等距线"命令，"距离"输入 4，分别拾取内框线的左、右两条边，选择向内箭头，结果如图 2-28 所示。

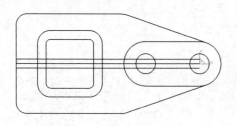

图 2-27　等距曲线

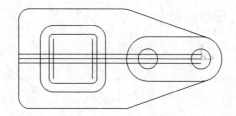

图 2-28　等距曲线

17）单击线面编辑栏中的"曲线裁剪" 和"删除" 图标，获得如图 2-29 所示的图形。

18）单击曲线生成栏中的"尺寸标注" 图标，依次对线性尺寸、圆弧和整圆进行标注，结果如图 2-30 所示。

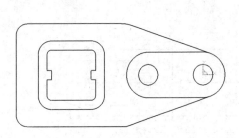

图 2-29　曲线的裁剪和删除

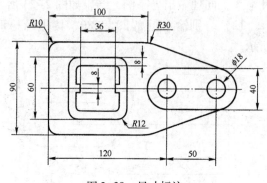

图 2-30　尺寸标注

任务 2.3　三维线架的绘制

【任务描述】

完成如图 2-31 所示的三维线架图的绘制。

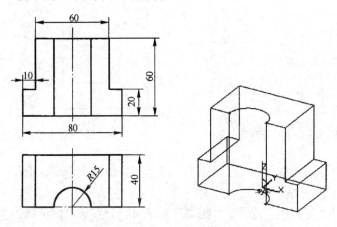

图 2-31　三维线架图

【任务分析】

绘图的基本步骤如图 2-32 所示。

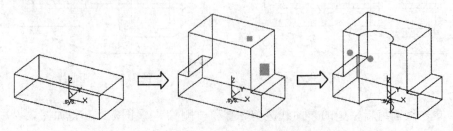

图 2-32　绘制三维线架图的基本步骤

【任务实施】

1) 单击曲线生成栏中的"矩形" □ 图标，选择以"中心_长_宽"的方式作图，输入长 80、宽 40，选择原点作为中心，单击右键确认，结果如图 2-33 所示。

2) 按 F8 键，显示轴测图，如图 2-34 所示。

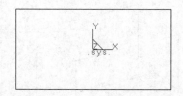

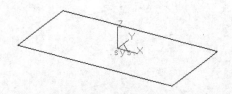

图 2-33　矩形的绘制　　　　　　　　图 2-34　显示轴测图

3) 单击曲线生成栏中的"矩形" □ 图标，选择以"中心_长_宽"的方式作图，输入长 80、宽 40，按回车键，然后输入矩形的中心坐标"0,0,20"，按回车键，再单击右键完成，结果如图 2-35 所示。

4) 按 F9 键，将构图平面切换到 YOZ 平面，如图 2-36 所示。

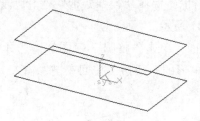

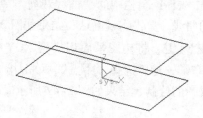

图 2-35　矩形的绘制　　　　　　　　图 2-36　切换构图平面

5) 单击曲线生成栏中的"直线" ／ 图标，选择"两点线""单个""正交""点方式"，单击矩形角的对应点，完成矩形线框的绘制，结果如图 2-37 所示。

6) 按 F9 键将构图平面切换到 XOY 平面，单击"矩形" □ 图标，选择"中心_长_宽"的方式作图，输入长 60、宽 40，按回车键，然后输入矩形的中心坐标"0,0,60"，按回车键，再单击右键完成，结果如图 2-38 所示。

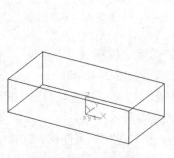

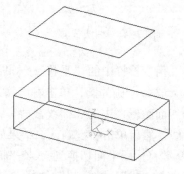

图 2-37　直线的绘制　　　　　　　　图 2-38　矩形的绘制

7）单击几何变换栏中的"平移" 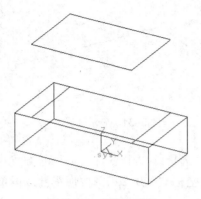 图标，选择"偏移量""拷贝"，在"DZ ="中输入 -40，按提示选择刚画的矩形的左、右两条边，单击右键确认，结果如图 2-39 所示。

8）按 F9 键，将构图平面切换到 YOZ 平面，单击"直线" ⧄ 图标，选择"两点线""单个""正交""点方式"，单击矩形角的对应点，完成矩形线框的绘制，结果如图 2-40 所示。

图 2-39 直线的平移

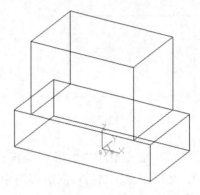

图 2-40 直线的绘制

9）单击线面编辑栏中的"曲线裁剪" 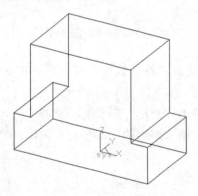 图标，选择"快速裁剪""正常裁剪"，单击需要裁掉的曲线，单击右键确认，结果如图 2-41 所示。

10）按 F9 键，将构图平面切换到 XOY 平面，单击"整圆" ⊙ 图标，选择"圆心_半径"，按回车键，然后选择"中点"，单击相应矩形的一条边，按回车键，输入 15，通过右键确认完成圆的绘制，结果如图 2-42 所示。

图 2-41 曲线裁剪

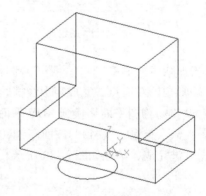

图 2-42 圆的绘制

11）单击几何变换栏中的"平移" 图标，选择"偏移量""拷贝"，在"DZ ="中输入 60，按提示选择刚画的圆，单击右键确认，结果如图 2-43 所示。

12）单击线面编辑栏中的"曲线裁剪" 图标，选择"快速裁剪""正常裁剪"，单击需要裁掉的曲线，然后单击右键确认，结果如图 2-44 所示。

13）按 F9 键将构图平面切换到 YOZ 平面，单击"直线" ⧄ 图标，选择"两点线""单个""正交""点方式"，按空格键选择"缺省点"，将上、下圆对应点连接起来，结果如图 2-45 所示。

22

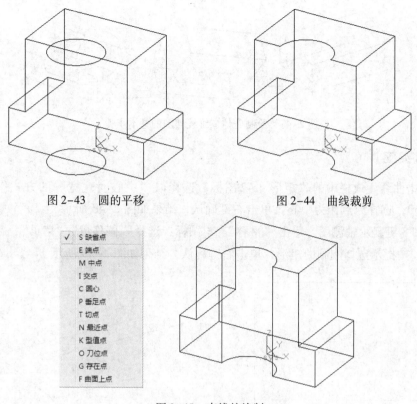

图 2-43　圆的平移

图 2-44　曲线裁剪

图 2-45　直线的绘制

任务 2.4　壳体三维线架的绘制

【任务描述】

完成如图 2-46 所示的壳体三维线架的绘制。

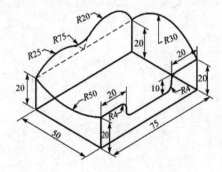

图 2-46　壳体三维线架图

【任务分析】

绘图的基本步骤如图 2-47 所示。

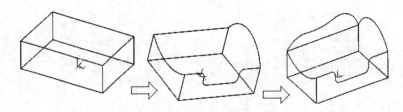

图 2-47　绘制壳体三维线架图的基本步骤

【任务实施】

1）单击曲线生成栏中的"矩形" ▱ 图标，选择以"中心_长_宽"的方式作图，输入长 75、宽 50，选择原点作为中心，单击右键确认，结果如图 2-48 所示。

2）按 F8 键显示轴测图，单击"平移" ⚙ 图标，选择"偏移量""拷贝"，在"DZ ="中输入 20，按提示选择刚画的矩形，单击右键确认，结果如图 2-49 所示。

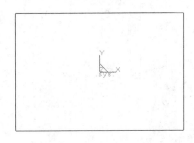

图 2-48　矩形的绘制

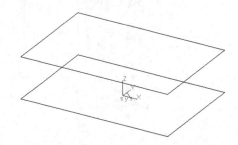

图 2-49　矩形的平移

3）按 F9 键，将构图平面切换到 YOZ 平面，单击"直线" ╱ 图标，选择"两点线""单个""正交""点方式"，按空格键选择"缺省点"，将上、下矩形对应点连接起来，结果如图 2-50 所示。

4）单击"平移" ⚙ 图标，选择"偏移量""拷贝"，在"DZ ="中输入 -10，按提示选择上面矩形的一条长边，单击右键确认，结果如图 2-51 所示。

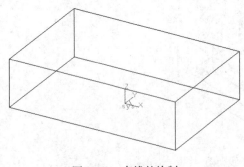

图 2-50　直线的绘制

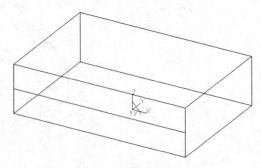

图 2-51　直线的平移

5）按 F9 键，将构图平面切换到 XOZ 平面，单击曲线生成栏中的"等距线" ◫ 图标，"距离"输入 20，分别拾取相应的直线，选择向内箭头，结果如图 2-52 所示。

6）单击线面编辑栏中的"曲线过渡" ◸ 图标，设置圆角半径为 4，选择"裁剪曲线 1"

"裁剪曲线 2"，单击要倒圆角的两条直线完成操作，结果如图 2-53 所示。

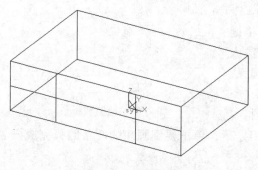

图 2-52　等距曲线

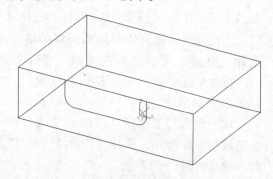

图 2-53　曲线过渡

7）继续上一步，选择"不裁剪曲线 1""不裁剪曲线 2"，单击要倒圆角的两条直线完成操作，结果如图 2-54 所示。

8）单击线面编辑栏中的"曲线裁剪" 图标，分别单击需要裁掉的曲线，通过右键确认完成裁剪，结果如图 2-55 所示。

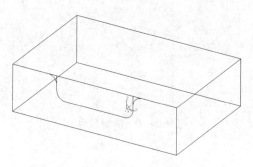

图 2-54　曲线过渡

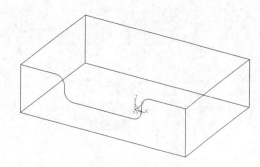

图 2-55　曲线裁剪

9）按 F9 键，将构图平面切换到 YOZ 平面，单击曲线生成栏中的"整圆" 图标，选择"两点_半径"方式画圆，分别选择对应边的两端，按回车键输入 50 和 30，生成相对应的圆，并裁剪掉多余的圆弧，结果如图 2-56 所示。

10）单击线面编辑栏中的"删除" 图标，然后单击上面矩形对应的两条边，通过右键确认完成操作，结果如图 2-57 所示。

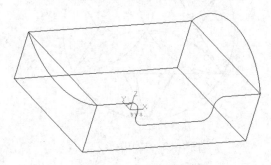

图 2-56　绘制圆弧

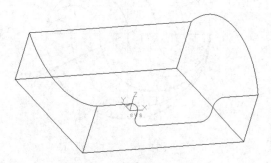

图 2-57　删除多余线条

11）按 F9 键将构图平面切换到 XOZ 平面，单击曲线生成栏中的"整圆" ⊕ 图标，选择以"两点_半径"方式画圆，选择 R50 圆弧对应的端点，按空格键选择"中点"，再单击对应直线，然后按回车键输入 25，按回车键生成 R25 的圆弧，同理做出 R20 的圆弧，结果如图 2-58 所示。

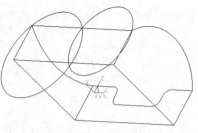

图 2-58　绘制圆弧

12）单击线面编辑栏中的"曲线过渡" 图标，设置圆角半径为 75，选择"裁剪曲线 1""裁剪曲线 2"，单击要倒圆角的两条圆弧完成操作，结果如图 2-59 所示。

13）单击线面编辑栏中的"曲线裁剪" 图标，分别单击需要裁掉的曲线，通过右键确认完成裁剪，结果如图 2-60 所示。

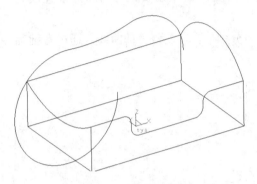

图 2-59　曲线过渡

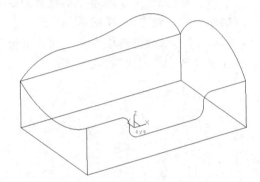

图 2-60　曲线裁剪

★拓展训练★

1）绘制如图 2-61 ~ 图 2-74 所示的二维图形。

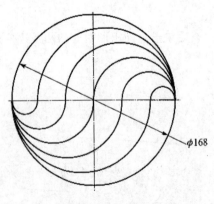

图 2-61　二维图形 1

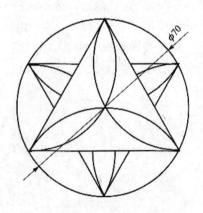

图 2-62　二维图形 2

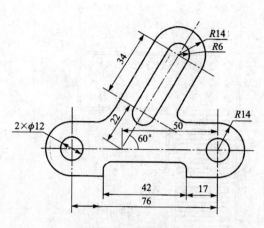

图 2-63 二维图形 3

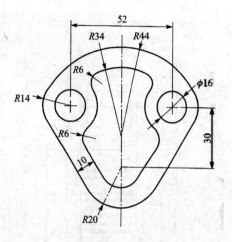

图 2-64 二维图形 4

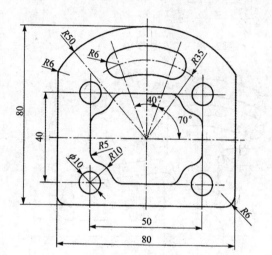

图 2-65 二维图形 5

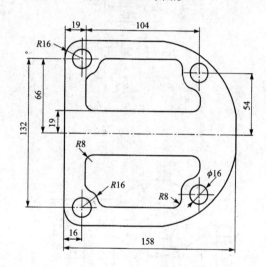

图 2-66 二维图形 6

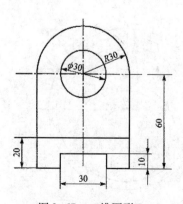

图 2-67 二维图形 7

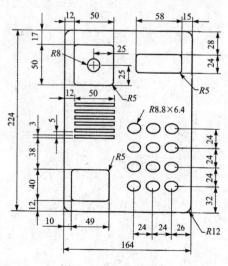

图 2-68 二维图形 8

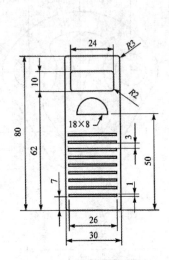

图 2-69　二维图形 9

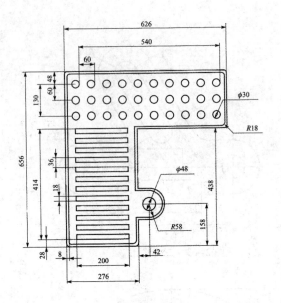

图 2-70　二维图形 10

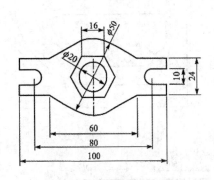

图 2-71　二维图形 11

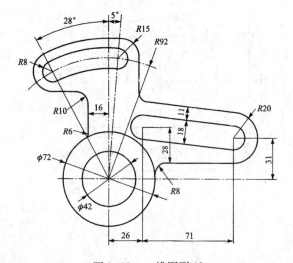

图 2-72　二维图形 12

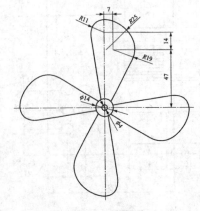

图 2-73　二维图形 13

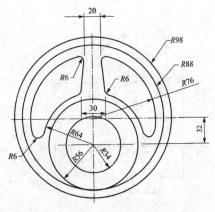

图 2-74　二维图形 14

28

2）绘制如图 2-75～图 2-78 所示的三维线架图形。

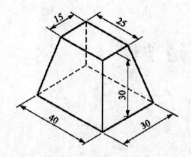

图 2-75　三维线架 1

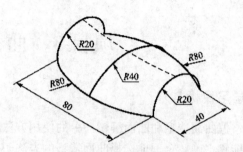

图 2-76　三维线架 2

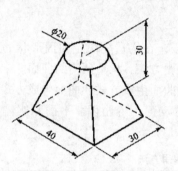

图 2-77　三维线架 3

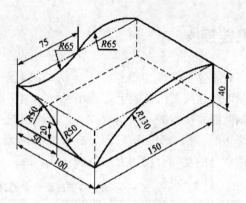

图 2-78　三维线架 4

项目3 曲面造型

【学习目标】

- 掌握曲面造型和曲面编辑命令的使用方法。
- 能够正确、合理地选择曲面造型的方法。
- 能够熟练地使用曲面造型、曲面编辑等命令解决实际绘图操作中的问题。

★知识链接★

CAXA 制造工程师2013 提供了丰富的曲面造型手段，在构造完决定曲面形状的关键线框之后就可以在线框的基础上，选用各种曲面生成和编辑方法，构造所需的曲面。

根据曲面特征线的不同组合方式，可以组织不同的曲面生成方式。曲面生成方式共有直纹面、旋转面、扫描面、边界面、放样面、网格面、导动面、等距面、平面和实体表面几种，具体命令的功能及使用方法见表3-1。

表3-1 曲面命令的功能及使用方法

命令	功 能	图 例	注 意 事 项
直纹面	曲线+曲线： 在两条自由曲线之间生成直纹面		◆ 曲线应为空间曲线。 ◆ 在拾取曲线时应注意拾取点的位置，应拾取曲线的同侧对应位置，否则将使两曲线的方向相反，生成的直纹面发生扭曲
	点+曲线： 在一个点和一条曲线之间生成直纹面		◆ 直线与圆不能在同一平面内。 ◆ 直线顶点是曲面生成所需要的点元素
	曲线+曲面： 在一条曲线和一个曲面之间生成直纹面		当曲线的投影不能全部落在曲面内时，直纹面将无法做出
旋转面	按给定的起始角度、终止角度将曲线绕一旋转轴旋转而生成的轨迹曲面		◆ 旋转轴必须是直线。 ◆ 选择方向时的箭头方向与曲面旋转方向遵循右手螺旋法则。 ◆ 截面可以是直线、封闭的曲线和非封闭的曲线

命 令	功 能	图 例	注 意 事 项
扫描面	按照给定的起始位置和扫描距离将曲线沿指定方向以一定的锥度扫描生成曲面		◆ 起始距离：指生成曲面的起始位置与曲线平面沿扫描方向上的间距。 ◆ 扫描距离：指生成曲面的起始位置与终止位置沿扫描方向上的间距。 ◆ 扫描角度：指生成的曲面母线与扫描方向的夹角
网格面	以网格曲线为骨架，蒙上自由曲面生成的曲面称为网格曲面。网格曲线是由特征线组成的横竖相交线	V向曲线 U向曲线	◆ 每一组曲线都必须按其方位顺序拾取，而且曲线的方向必须保持一致。 ◆ 拾取的每条 U 向曲线与所有 V 向曲线都必须有交点。 ◆ 拾取的曲线应当是光滑曲线。 ◆ 网格曲线组成网状四边形网格，不允许有三边域、五边域和多边域
导动面	平行导动： 截面线沿导动线趋势始终平行地移动而扫成曲面，截面线在运动过程中没有任何旋转		◆ 导动曲线、截面曲线应当是光滑曲线。 ◆ 截面线与导动线不能在同一平面。 ◆ 截面线可以为直线、封闭的曲线和非封闭的曲线
	固接导动： 在导动过程中，截面线和导动线保持固接关系，即让截面线平面与导动线的切矢方向保持相对角度不变，而且截面线在自身相对坐标架中的位置关系保持不变，截面线沿导动线变化的趋势导动生成曲面	单截面 双截面	◆ 导动曲线、截面曲线应当是光滑曲线。 ◆ 截面线与导动线不能在同一平面。 ◆ 在两根截面线之间进行导动，拾取两根截面线时应使它们的方向一致，否则曲面将发生扭曲，形状不可预料
	导动线 & 平面： 截面线按以下规则沿一条平面或空间导动线（脊线）扫动生成曲面		◆ 截面线平面的方向与导动线上每一点的切矢方向之间的相对夹角始终保持不变。 ◆ 截面线的平面方向与所定义的平面法矢的方向始终保持不变。 ◆ 适用于导动线是空间曲线的情形，截面线可以是一条或两条。 ◆ 导动线 & 平面中给定的平面法矢尽量不要和导动线的切矢方向相同
	导动线 & 边界线： 截面线沿一条导动线扫动生成曲面		◆ 在运动过程中截面线平面始终与导动线垂直。 ◆ 在运动过程中截面线平面与两边界线需要有两个交点。 ◆ 对截面线进行缩放，将截面线横跨于两个交点上

命令	功　能	图　例	注　意　事　项
导动面	**双导动线：** 将一条或两条截面线沿着两条导动线匀速扫动生成曲面		拾取截面曲线（在第一条导动线附近）；如果是双截面线导动，拾取两条截面线（在第一条导动线附近）
	管道曲面： 给定起始半径和终止半径的圆形截面沿指定的中心线扫动生成曲面		◆ 起始半径：指管道曲面导动开始的圆的半径。 ◆ 终止半径：指管道曲面导动终止时的半径
等距面	按给定距离与等距方向生成与已知平面（曲面）等距的平面（曲面）		◆ 等距距离：指生成平面在所选的方向上离开已知平面的距离。 ◆ 如果曲面的曲率变化太大，等距的距离应当小于最小曲率半径
平面	**裁剪平面：** 由封闭内轮廓进行裁剪形成的有一个或者多个边界的平面		封闭内轮廓可以有多个
	工具平面： 包括 XOY 平面、YOZ 平面、ZOX 平面、三点平面、矢量平面、曲线平面和平行平面 7 种方式		◆ XOY 平面：绕 X 或 Y 轴旋转一定角度生成一个指定长度和宽度的平面。 ◆ YOZ 平面：绕 Y 或 Z 轴旋转一定角度生成一个指定长度和宽度的平面。 ◆ ZOX 平面：绕 Z 或 X 轴旋转一定角度生成一个指定长度和宽度的平面
边界面	**四边面：** 通过 4 条空间曲线生成平面		拾取的曲线必须首尾相连成封闭环，才能做出边界面，并且拾取的曲线应当是光滑曲线
	三边面： 通过 3 条空间曲线生成平面		
放样面	**放样曲面：** 以一组互不相交、方向相同、形状相似的特征线（或截面线）为骨架进行形状控制，过这些曲线蒙面生成的曲面		◆ 拾取的一组特征曲线互不相交，方向一致，形状相似，否则生成结果将发生扭曲，形状不可预料。 ◆ 截面线需保证其光滑性。 ◆ 用户需按截面线摆放的方位顺序拾取曲线。 ◆ 用户在拾取曲线时需保证截面线方向的一致性

曲面编辑主要讲述有关曲面的常用编辑命令及操作方法，它是 CAXA 制造工程师 2013 的重要功能。曲面编辑包括曲面裁剪、曲面过渡、曲面缝合、曲面拼接和曲面延伸 5 种功能。曲面编辑命令见表 3–2。

表 3–2　曲面编辑命令的功能及使用方法

命令	功　能	图　例	注 意 事 项
曲面裁剪	投影线裁剪： 将空间曲线沿给定的固定方向投影到曲面上，形成剪刀线来裁剪曲面		◆ 裁剪时保留拾取点所在的那部分曲面。 ◆ 拾取的裁剪曲线沿指定投影方向向被裁剪曲面投影时，必须有投影线，否则无法裁剪曲线。 ◆ 在输入投影方向时可利用矢量工具菜单。 ◆ 剪刀线与曲面边界线重合或部分重合以及相切时，可能得不到正确的裁剪结果
	线裁剪： 曲面上的曲线沿曲面法矢方向投影到曲面上，形成剪刀线来裁剪曲面		◆ 裁剪时保留拾取点所在的那部分曲面。 ◆ 若裁剪曲线不在曲面上，则系统将曲线按距离最近的方式投影到曲面上获得投影曲线，然后利用投影曲线对曲面进行裁剪，此投影曲线不存在时，裁剪失败，一般应尽量避免此种情形。 ◆ 若裁剪曲线与曲面边界无交点，且不在曲面内部封闭，则系统将其延长到曲面边界后进行裁剪
	面裁剪： 剪刀曲面和被裁剪曲面求交，用求得的交线作为剪刀线来裁剪曲面		◆ 裁剪时保留拾取点所在的那部分曲面。 ◆ 两曲面必须有交线，否则无法裁剪曲面
	等参数线裁剪： 以曲面上给定的等参数线为剪刀线来裁剪曲面，有裁剪和分裂两种方式。参数线的给定可以通过立即菜单选择过点或者指定参数来确定		裁剪时保留拾取点所在的那部分曲面

命 令	功 能	图 例	注 意 事 项
曲面过渡	在给定的曲面之间以一定的方式做给定半径或半径规律的圆弧过渡面，以实现曲面之间的光滑过渡	等半径过渡 半径变化规律 过渡圆弧面	◆ 用户需正确地指定曲面的方向，方向不同会导致完全不同的结果。 ◆ 进行过渡的两曲面在指定方向上与距离等于半径的等距面必须相交，否则曲面过渡失败。 ◆ 若曲面形状复杂，变化过于剧烈，使得曲面的局部曲率小于过渡半径，过渡面将发生自交，形状难以预料，应尽量避免这种情形
曲面缝合	曲面切矢1： 在第一张曲面的连接边界处按曲面1的切方向和第二张曲面进行连接	第一张曲面	生成的曲面仍保持有曲面1形状的部分
	平均切矢： 切矢方式曲面缝合，在第一张曲面的连接边界处按两曲面的平均切方向进行光滑连接		生成的曲面在曲面1和曲面2处都改变了形状
曲面拼接	两面拼接： 做一曲面，使其连接两给定曲面的指定对应边界，并在连接处保证光滑		◆ 拾取时请在需要拼接的边界附近单击曲面。 ◆ 拾取点时要拾取距离边界线最近的端点，此端点就是边界的起点。 ◆ 两个边界线的起点应该一致，如果两个曲面边界线方向相反，拼接的曲面将发生扭曲，形状不可预料
	三面拼接： 做一曲面，使其连接3个给定曲面的指定对应边界，并在连接处保证光滑	拼接曲面	◆ 要拼接的3个曲面必须在角点相交，要拼接的3个边界应该首尾相连，形成一串曲线，它可以封闭，也可以不封闭。 ◆ 在操作中拾取曲线时需先按右键，再单击曲线才能选择曲线

命令	功　能	图　例	注意事项
曲面拼接	四面拼接： 做一曲面，使其连接4个给定曲面的指定对应边界，并在连接处保证光滑		◆ 要拼接的4个曲面必须在角点两两相交，要拼接的4个边界应该首尾相连，形成一串封闭曲线，围成一个封闭区域。 ◆ 在操作中拾取曲线时需先按右键，再单击曲线才能选择曲线
曲面延伸	原曲面按所给长度沿相切的方向延伸出去，扩大曲面	沿切向延伸出	曲面延伸功能不支持裁剪曲面的延伸

任务 3.1　瓶塞的曲面造型

【任务描述】

完成如图 3-1 所示的瓶塞的曲面造型。

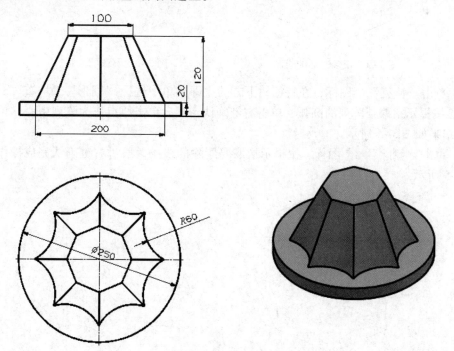

图 3-1　瓶塞

【任务分析】

由图 3-1 可知,瓶塞的造型主要是由多个空间面组成的,因此首先应使用空间曲线构造实体的空间线架,然后利用直纹面生成曲面,可以逐个生成也可以将生成的一个角的曲面进行圆形阵列,最终生成所有的曲面。

【任务实施】

1)单击曲线生成栏上的"正多边形" 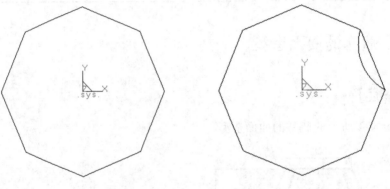图标,在特征树下方的立即菜单中选择"中心""内接","边数"输入 8。按照系统提示选择原点作为中心点,按回车键输入 100,再按回车键确认,单击右键完成,结果如图 3-2 所示。

2)单击"整圆" 图标,以"两点_半径"的方式画圆,拾取正多边形相邻的两个顶点,按回车键,输入半径 60,单击右键结束,完成圆弧的绘制。单击"曲线裁剪" 图标,选择"快速裁剪""正常裁剪",单击需要裁掉的曲线,通过右键确认完成裁剪,结果如图 3-3 所示。

图 3-2　正多边形的绘制　　　　　　　图 3-3　圆弧的绘制

3)单击"阵列" 图标,在特征树下方的立即菜单中选择"圆形""均布","份数"输入 8,按提示拾取要阵列的圆弧,单击右键确认,然后单击原点作为阵列中心,单击右键结束,结果如图 3-4 所示。

4)单击"删除" 图标,按提示拾取要删除的线条,通过右键确认完成操作,结果如图 3-5 所示。

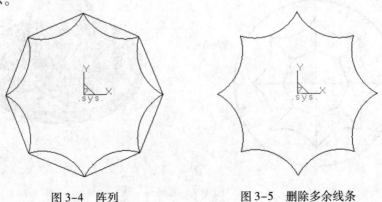

图 3-4　阵列　　　　　　　　　　　图 3-5　删除多余线条

5) 单击曲线生成栏上的"正多边形" ⊙图标，在特征树下方的立即菜单中选择"中心""内接"，"边数"输入 8。按回车键输入中心点坐标"0，0，100"，按回车键确认，再按回车键输入半径 50，然后按回车键确认，单击右键完成，结果如图 3-6 所示。

6) 单击"直线" ✓图标，选择"两点线""单个""非正交"，按提示拾取对应顶点，画出侧面棱线，结果如图 3-7 所示。

图 3-6　正多边形的绘制

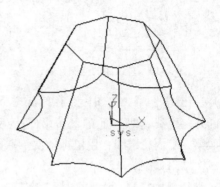

图 3-7　直线的绘制

7) 单击"整圆" ⊙图标，以"圆心_半径"的方式画圆，单击原点作为圆心，按回车键后输入半径 125，单击右键结束，完成圆的绘制，如图 3-8 所示。

8) 单击几何变换栏中的"平移" ⅏图标，选择"偏移量""拷贝"方式，在"DZ ="文本框中输入 -20，按提示拾取刚绘制的圆，单击右键确认，完成圆的平移，如图 3-9所示。

图 3-8　圆的绘制

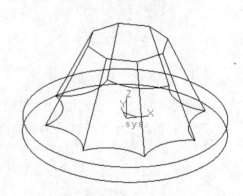

图 3-9　圆的平移

9) 单击曲面生成栏中的"直纹面" ▢图标，选择"曲线 + 曲线"的方式，然后用鼠标左键拾取侧面的上、下两条边完成曲面，如图 3-10 所示（在拾取相邻直线时，鼠标的拾取位置应该尽量保持一致，这样才能保证得到正确的直纹面）。

10) 单击"阵列" ⊞图标，在特征树下方的立即菜单中选择"圆形""均布"，"份数"输入 8，按提示拾取要阵列的直纹面，单击右键确认，然后单击原点作为阵列中心，单击右键结束，结果如图 3-11 所示。

图 3-10 直纹面的绘制

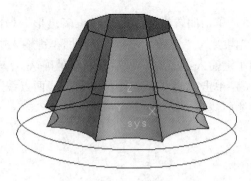

图 3-11 阵列曲面

11）单击"平面" 图标，在特征树下方的立即菜单中选择"裁剪平面"，用鼠标拾取平面的外轮廓线，即上面 R125 的圆，然后确定链搜索方向（用鼠标选取箭头），系统会提示拾取第一个内轮廓线，用鼠标依次拾取内部的 8 个圆弧（用鼠标选取箭头），单击右键确认完成，结果如图 3-12 所示。

12）继续单击"平面" 图标，在特征树下方的立即菜单中选择"裁剪平面"，用鼠标拾取平面的外轮廓线，即下面 R125 的圆，然后确定链搜索方向（用鼠标选取箭头），单击右键确认完成，结果如图 3-13 所示。

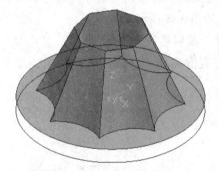

图 3-12 上平面的绘制

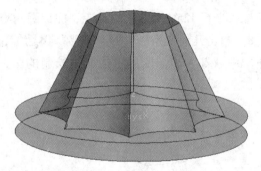

图 3-13 下平面的绘制

13）单击曲面生成栏中的"直纹面" 图标，选择"曲线＋曲线"的方式，然后用鼠标左键拾取上、下两个 R125 的圆完成曲面，如图 3-14 所示。

14）单击"平面" 图标，在特征树下方的立即菜单中选择"裁剪平面"，用鼠标依次拾取内部正八边形的边（用鼠标选取箭头），单击右键确认完成，结果如图 3-15 所示。

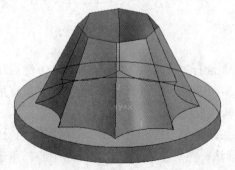

图 3-14 直纹面的绘制

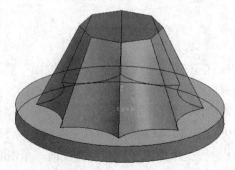

图 3-15 平面的绘制

38

任务 3.2　变向连接器的曲面造型

【任务描述】

完成如图 3-16 所示的变向连接器的曲面造型。

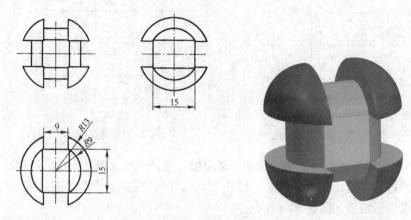

图 3-16　变向连接器

【任务分析】

由图 3-16 可知，变向连接器的造型主要是由多个空间面组成的，因此首先应使用空间线构造实体的空间线架，然后利用旋转面、扫描面、边界面生成曲面，再进行圆形阵列，最终生成所有的曲面。

【任务实施】

1）单击"直线" ╱图标，在立即菜单中选择"水平/铅垂线""水平＋铅垂"，长度输入 30，单击原点绘制两条互相垂直的直线，然后单击右键确认，结果如图 3-17 所示。

2）单击"整圆" ⊙图标，选择"圆心_半径"方式，单击原点作为圆心，按回车键输入 9，按回车键确认，再按回车键输入半径 13，按回车键确认，绘制两个过圆心、半径分别为 9 和 13 的同心圆，结果如图 3-18 所示。

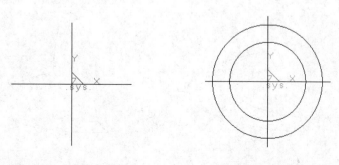

图 3-17　直线的绘制　　　　图 3-18　同心圆的绘制

3）单击"等距线" ⌐图标，在立即菜单中选择"单根曲线""等距"，"距离"输入7.5，拾取 X 轴方向的直线，选择向上和向下画出两条直线，结果如图 3-19 所示。

4）在立即菜单中将距离更改为 4.5，拾取 Y 轴方向的直线，选择向右画出一条直线，结果如图 3-20 所示。

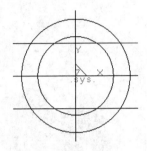

图 3-19　等距曲线

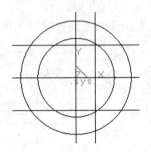

图 3-20　等距曲线

5）单击线面编辑栏中的"曲线裁剪" ⌐图标，选择"快速裁剪""正常裁剪"，裁剪多余的曲线，通过右键确认完成。单击"删除" ⌐图标，按提示拾取要删除的线条，通过右键确认完成操作，结果如图 3-21 所示。

6）按 F8 键，显示轴测图，单击几何变换栏中的"平移" ⌐图标，选择"偏移量""移动"，在"DZ ="文本框中输入 4.5，将图形平移至如图 3-22 所示的位置。

图 3-21　曲线的编辑

图 3-22　平移

7）单击"曲线组合" ⌐图标，在立即菜单中选择"删除原曲线"，拾取 $R9$ 圆弧及两侧的短线段，单击右键确认完成，结果如图 3-23 所示。

8）单击"旋转" ⌐图标，选择"拷贝"方式，将图形（上面所画的图形）旋转 90°，得到如图 3-24 所示的图形。

图 3-23　曲线组合

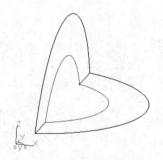

图 3-24　旋转

9）单击"旋转面"  图标，按图3-25所示操作。

母线

旋转轴

图3-25　旋转面对话框及设计结果

10）单击"边界面"  图标，选择"四边面"，单击两侧面的4条边，结果如图3-26所示。

11）单击"扫描面"  图标，输入扫描距离4.5，按空格键分别选择"Z轴负方向"，拾取R9圆弧的组合曲线，单击右键确认，再按空格键选择"X轴负方向"，拾取R13圆弧曲线，单击右键确认，结果如图3-27所示。

图3-26　边界面

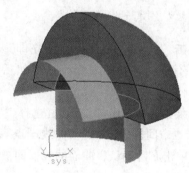

图3-27　扫描面

12）单击"相关线"  图标，在立即菜单中选择"曲面边界线""单根"，拾取扫描面相应的边界，结果如图3-28所示。同理做出另一侧的相关线。

13）按F9键，将构图平面切换至XOZ面，单击"等距线"  图标，在立即菜单中选择"单根曲线""等距"，"距离"输入4.5，分别拾取两条在X轴方向平行的相关线，选择向下画出两条直线，结果如图3-29所示。

图3-28　相关线

图3-29　等距线

14）分别拾取两条在 Z 轴方向平行的相关线，选择向左画出两条直线，结果如图 3-30 所示。

15）单击"平面"  图标，在立即菜单中选择"裁剪平面"，拾取相关线所形成的矩形框，单击右键确认，生成平面。同理做出另一侧平面，结果如图 3-31 所示。

图 3-30　相关线　　　　　　　　　　　　　图 3-31　平面

16）单击"阵列" 品 图标，在立即菜单中选择"圆形""均布"，份数输入 4，按提示拾取所有曲面，单击右键确认，然后单击坐标原点作为阵列中心，结果如图 3-32 所示。

17）在菜单栏中单击"设置"，选择"拾取过滤设置"，只勾选"空间点""空间直线""空间圆弧""空间样条""空间曲线端点"，再单击"编辑"，选择"隐藏"命令，用鼠标框选所有，单击右键确认，曲面的线框即被全部隐藏，如图 3-33 所示。

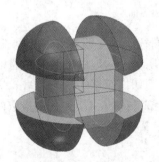

图 3-32　阵列对话框及设计结果　　　　　　图 3-33　线框隐藏结果

任务 3.3　浇水壶的曲面造型

【任务描述】

完成如图 3-34 所示的浇水壶的曲面造型。

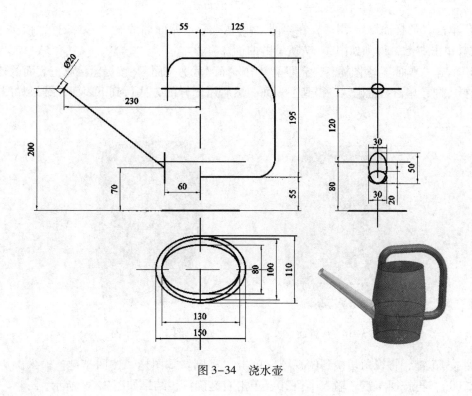

图 3-34　浇水壶

【任务分析】

由图 3-34 可知，壶体截面为椭圆形，上、中、下大小不一，可采用放样面；手柄为一等截面柱体，截面为椭圆形；壶嘴前后界面尺寸不同，形状各异，可以采用导动面，另外还需运用到平面、平面旋转、平面裁剪等功能。

【任务实施】

1）单击"椭圆" ⊙图标，在立即菜单中分别输入长半轴和短半轴的值为 75、55，65、50，65、40，单击原点作为中心，得到如图 3-35 所示的 3 个椭圆。

2）单击"平移" ✥图标，将长轴为 150、短轴为 110 的椭圆沿 Z 正方向平移 80，长轴为 130、短轴为 80 的椭圆沿 Z 正方向平移 200，结果如图 3-36 所示。

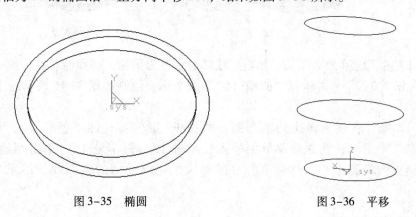

图 3-35　椭圆　　　　　　　　　　　　　图 3-36　平移

3）单击"放样面" 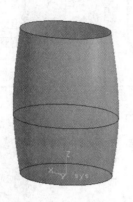 图标，在立即菜单中选择"截面曲线""不封闭"，依次单击 3 个椭圆并单击右键，得到如图 3-37 所示的曲面。

4）单击"平面" 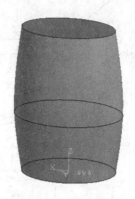 图标，在立即菜单中选择"裁剪平面"，按提示拾取上表面的外轮廓线，选择方向，单击右键确认，得到上表面，然后用同样的方法得到下表面，结果如图 3-38 所示。

图 3-37　放样面

图 3-38　平面

5）按 F5 键，将视角切换到俯视图，单击"整圆" 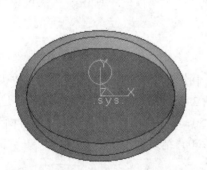 图标，按回车键，输入圆心坐标"0,20,200"，再按回车键，输入半径 10，单击右键确认，结果如图 3-39 所示。

6）按 F8 键，将视角切换到轴测图，单击"曲面裁剪"  图标，在立即菜单中选择"线裁剪""裁剪"，按提示拾取上表面为被裁剪面，刚绘制的圆为裁刀线，单击右键确认，结果如图 3-40 所示。

图 3-39　圆的绘制

图 3-40　曲面裁剪

7）按 F7 键，显示 XOZ 平面，单击"线架显示" 图标，将曲面切换为线架显示以便于绘图。单击"直线" 图标和"曲线过渡" 图标，绘制如图 3-41 所示的手柄中心线图形。

8）按 F8 键，将视角切换到轴测图，再按 F9 键，将构图平面切换为 YOZ 平面。单击"椭圆" 图标，在立即菜单中输入长半轴 15、短半轴 10，单击刚绘制图形下边直线的端点为椭圆中心，然后单击右键确认，完成手柄的截面线，结果如图 3-42 所示。

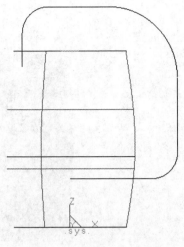
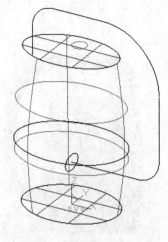

图3-41 手柄中心线的绘制　　　　　图3-42 手柄截面线的绘制

9）单击"曲线组合"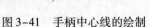图标，在立即菜单中选择"删除原曲线"，拾取手柄中心线进行组合。

10）单击"导动面"图标，选择"固接导动""单截面线"方式，按状态栏提示拾取手柄中心线为导动线，拾取手柄截面线椭圆为截面线，单击右键确认完成，结果如图3-43所示。

11）单击"曲面裁剪"图标，在立即菜单中选择"裁剪""相互裁剪"，将多余的曲面部分裁去，然后单击"真实感显示"图标，结果如图3-44所示，手柄部分完成。

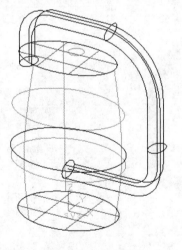

图3-43 导动面　　　　　　　　图3-44 曲面裁剪

12）单击"直线"图标，在立即菜单中选择"两点线""单个""非正交"，按回车键输入第一点坐标"-230,0,200"，再按回车键输入第二点坐标"-60,0,70"，单击右键确认绘制出壶嘴的导动线，结果如图3-45所示。

13）按F8键，显示轴测图，按F9键将构图平面切换到YOZ平面。单击"椭圆"图标，在壶嘴导动线的下端点绘制椭圆，椭圆的长半轴为15、短半轴为25，在壶嘴导动线的

上端点绘制 φ20 的圆弧,结果如图 3-46 所示。

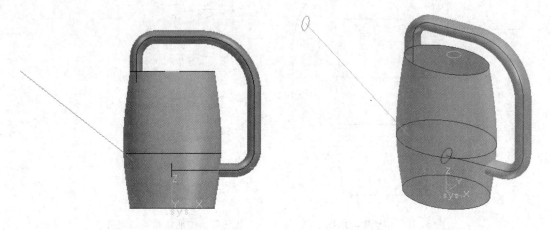

图 3-45　导动线的绘制　　　　　　　图 3-46　导动截面线的绘制

14）按 F7 键,显示 XOZ 平面,单击"直线"╱图标,在立即菜单中选择"两点线""单个""正交""点方式",单击导动线上端点作为第一点,向上单击第二点,绘制出一条铅垂线。选择"切线/法线""法线",长度输入 100,按提示拾取导动线,单击导动线上端点为法线中点,绘制出导动线的法线,结果如图 3-47 所示。

15）在菜单栏中选择"工具"→"查询"→"角度"命令,按提示拾取刚绘制的铅垂线和法线,在属性栏中显示"补角度值"为"37.4054",右键单击"补角度值"进行数据拷贝,结果如图 3-48 所示。

图 3-47　铅垂线和法线　　　　　　　图 3-48　角度查询

16）单击"平面旋转"图标,在立即菜单中选择"固定角度""移动",在"角度＝"框中输入"-37.4054",按状态栏中的提示单击小圆圆心作为旋转中心,拾取小圆截面,单击右键确认完成,小圆截面被旋转至与导动线垂直的位置。按 F8 键,并旋转视图至合适的位置,以便于观察,结果如图 3-49 所示。

17）单击"删除"图标,删除绘制的辅助直线,即铅垂线和法线,结果如图 3-50

所示。

图 3-49　平面旋转 　　　　　　　　　　　　图 3-50　删除多余线

18）单击"导动面" 🔲图标，在立即菜单中选择"固接导动""双截面线"，按状态栏中的提示分别拾取直线为导动线，拾取圆和椭圆两条截面线（注意单击两线的对应位置），画出壶嘴，结果如图 3-51 所示。

19）单击"曲面裁剪" 🔳图标，在立即菜单中选择"面裁剪""裁剪""相互裁剪"，按提示拾取壶嘴与壶体对应的部分，剪去多余的曲面部分，完成浇水壶的曲面造型，如图 3-52 所示。

图 3-51　导动面 　　　　　　　　　　　　图 3-52　曲面裁剪

任务 3.4　盖板的曲面造型

【任务描述】

完成如图 3-53 所示的盖板的曲面造型。

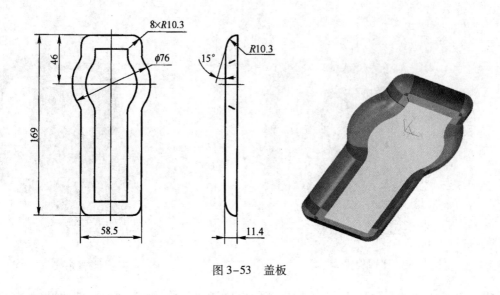

图 3-53 盖板

【任务分析】

由图 3-53 可知，盖板由 3 种曲面组成，即直纹面，旋转面和平面。侧面由直纹面和旋转面组成，因盖板侧面为对称形状，所以曲面造型一半进行镜像即可。底面可用相关线工具生成平面边界，然后用平面工具创建裁剪平面即可完成。

【任务实施】

1) 按 F5 键，切换当前绘制平面为 XOY 平面，单击曲面生成栏中的"整圆" ⊙图标，在立即菜单中选择"圆心_半径"方式，拾取原点为圆心点，然后按回车键，输入半径值 38，如图 3-54 所示。

2) 单击"矩形" ▢图标，在立即菜单中选择"两点矩形"，单击原点作为矩形左上角的第一点，按回车键输入右下角的第二点坐标"58.5，-169"，单击右键确认完成，结果如图 3-55 所示。

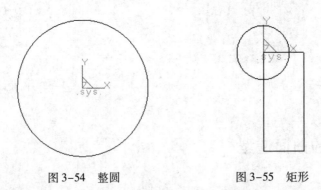

图 3-54 整圆　　　　　图 3-55 矩形

3) 单击几何变换栏中的"平移" 图标，在立即菜单中选择"偏移量""移动"，在"DX ="中输入 -29.25，在"DY ="中输入 46，拾取刚绘制的矩形，单击右键确认，结果如图 3-56 所示。

4）单击线面编辑栏中的"曲线裁剪" 图标，在立即菜单中选择"快速裁剪""正常裁剪"，按提示拾取需要裁剪掉的线段，单击右键确认，结果如图 3-57 所示。

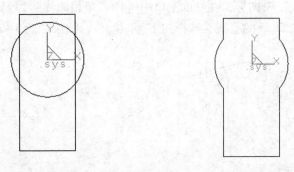

图 3-56　平移　　　　　　　　　　图 3-57　曲线裁剪

5）单击"曲线过渡" 图标，在立即菜单中选择"圆弧过渡""裁剪曲线 1""裁剪曲线 2"，在"半径"中输入 10.3，按提示拾取要倒圆角的两条直线，单击右键确认，结果如图 3-58 所示。

6）按 F8 键切换空间观察，然后单击"直线" 图标，在立即菜单中选择"两点线""单个""非正交"，捕捉长度为 58.5 的两条直线的中点绘制一条直线，结果如图 3-59 所示。

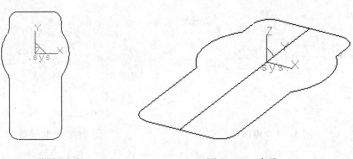

图 3-58　曲线过渡　　　　　　　　图 3-59　直线

7）单击"等距线" 图标，在立即菜单中选择"单根曲线""等距"，在"距离"中输入 10.3，按提示拾取 58.5 的直线，选择向内等距箭头，结果如图 3-60 所示。

8）按 F9 键切换构图平面到 YOZ 平面，单击"整圆" 图标，在立即菜单中选择"圆心_半径"方式，单击内部两条直线的交点为圆心，按回车键输入半径 10.3，单击右键确认，结果如图 3-61 所示。

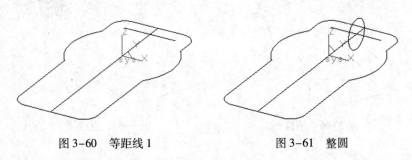

图 3-60　等距线 1　　　　　　　　图 3-61　整圆

49

9）单击"删除"⊘图标，拾取刚才等距偏移的那条直线，单击右键确认删除，结果如图 3-62 所示。

10）单击"等距线"┓图标，在立即菜单中选择"单根曲线""等距"，在"距离"中输入 11.4，按提示拾取 58.5 的直线，选择向下等距箭头，结果如图 3-63 所示。

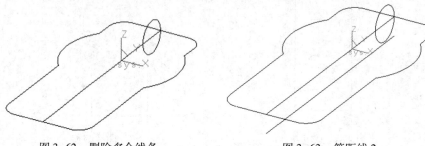

图 3-62　删除多余线条　　　　　　　　图 3-63　等距线 2

11）单击"直线"╱图标，在立即菜单中选择"角度线""X 轴夹角"，在"角度 ="中输入 15°，按空格键选择"切点"，然后拾取圆，再按 S 键回到默认点状态，得到如图 3-64 所示的角度线。

12）单击线面编辑栏中的"曲线裁剪"图标，在立即菜单中选择"快速裁剪""正常裁剪"，按提示拾取需要裁剪掉的线段，单击右键确认完成。然后单击"删除"⊘图标，拾取多余的线条，单击右键确认完成，结果如图 3-65 所示。

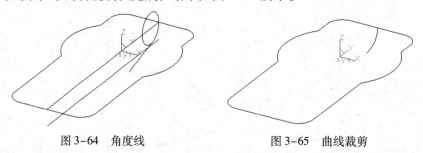

图 3-64　角度线　　　　　　　　　　图 3-65　曲线裁剪

13）单击"平移"图标，选择"两点""拷贝"方式，拾取上一步所生成的曲线和直线，单击右键确认。按状态栏提示输入基点，先拾取曲线的端点 A，然后拾取直线的端点 B，结果如图 3-66 所示。

14）单击曲面生成栏中的"直纹面"图标，在立即菜单中选择"曲线 + 曲线"方式，分别拾取两条曲线靠近的一侧，生成直纹面，结果如图 3-67 所示。

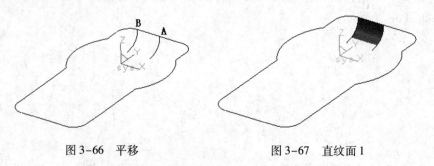

图 3-66　平移　　　　　　　　　　　图 3-67　直纹面 1

15）同理拾取两条直线段生成直纹面，结果如图 3-68 所示。

16）单击"直线" / 图标，在立即菜单中选择"两点线""单个""正交""点方式"，按空格键，在弹出的菜单中选择"圆心"，拾取和曲面相邻的圆角圆弧。按 S 键切换为捕捉默认点状态，沿 Z 轴方向拖动鼠标，然后单击鼠标左键得到一条中心线 a，结果如图 3-69 所示。

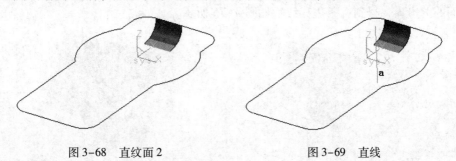

图 3-68　直纹面 2　　　　　　　　　　　　　　　图 3-69　直线

17）单击"旋转面" ⏣ 图标，在立即菜单中输入"起始角"为 0、"终止角"为 90°，状态栏提示选择旋的转轴，拾取直线 a，选择向上的箭头方向；然后状态栏提示拾取母线，拾取如图 3-70 所示时圆弧，单击右键确认，旋转面立即生成，结果如图 3-71 所示。

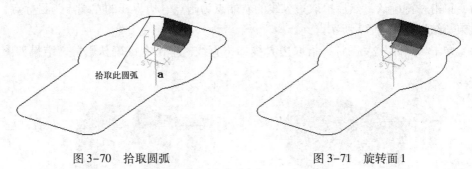

图 3-70　拾取圆弧　　　　　　　　　　　　　　　图 3-71　旋转面 1

18）单击"曲线打断" 🖉 图标，拾取如图 3-72 所示的将被打断的直线，此时状态栏提示拾取点，拾取如图 3-73 所示的交点为打断点，此时直线被分成两个部分。

19）单击"旋转面" ⏣ 图标，在立即菜单中输入"起始角"为 0、"终止角"为 90°，状态栏提示选择旋转轴，拾取直线 a，选择向上的箭头方向；然后状态栏提示拾取母线，拾取刚打断直线的上半段，单击右键确认，旋转面立即生成，结果如图 3-74 所示。

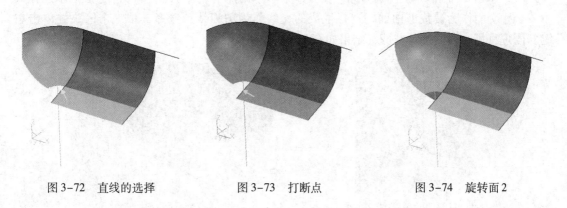

图 3-72　直线的选择　　　　　　图 3-73　打断点　　　　　　图 3-74　旋转面 2

20）单击"旋转"⚙图标进行旋转，在立即菜单中选择"拷贝"，"份数"输入1、"角度＝"输入90°，按状态栏提示拾取直线a的两个端点作为旋转轴起末点，拾取两个面作为要旋转的元素，单击右键确认，旋转结果如图3-75所示。

21）单击"相关线"▱图标，在立即菜单中选择"曲面边界线""单根"，按提示拾取旋转曲面的上边界，得到一条边界线，如图3-76所示。

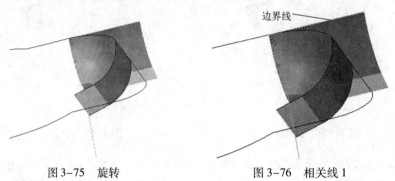

图3-75　旋转　　　　　　　　　　　图3-76　相关线1

22）单击"平移"▱图标，在立即菜单中选择"两点""移动""正交"，按提示拾取两曲面，单击右键确认，然后拾取边界线的右端点为基点、边界线的左端点为目标点，单击右键结束，结果如图3-77所示。

23）单击"删除"▱图标，拾取边界线那条直线，单击右键确认删除，结果如图3-78所示。

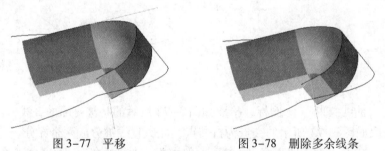

图3-77　平移　　　　　　　　　　　图3-78　删除多余线条

24）单击"相关线"▱图标，在立即菜单中选择"曲面交线"，根据提示选取相交的两个面，两个曲面的相交处形成一条线，结果如图3-79所示。

25）单击"曲面裁剪"▱图标，在立即菜单中选择"线裁剪""裁剪"，按提示选择其中一个相交面作为被裁剪曲面，选择生成的交线作为剪刀线，选择其中一个箭头并单击右键。同理将另一曲面进行裁剪，结果如图3-80所示。

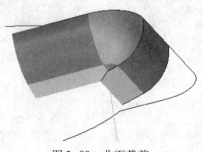

图3-79　相关线2　　　　　　　　　图3-80　曲面裁剪

26）单击"相关线" 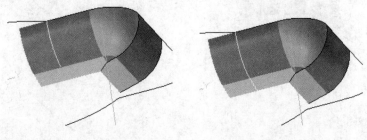 图标，在立即菜单中选择"曲面参数线""过点"，选择对应曲面及直线的端点，生成曲面参数线如图 3-81 所示。同理做出下方曲面的曲面参数线，结果如图 3-82 所示。

图 3-81　相关线 3　　　　　　图 3-82　相关线 4

27）单击"曲面裁剪" 图标，在立即菜单中选择"线裁剪""裁剪"，按提示选择被裁剪曲面，选择生成的曲面参数作为剪刀线，选择向下箭头并单击右键。同理将另一曲面进行裁剪，结果如图 3-83 所示。

28）单击"直线" 图标，在立即菜单中选择"两点线""单个""正交""点方式"，按空格键，在弹出的菜单中选择"圆心"，拾取和曲面相邻的圆弧。按 S 键切换为捕捉默认点状态，沿 Z 轴方向拖动鼠标，然后单击鼠标左键得到一条中心线 b，结果如图 3-84 所示。

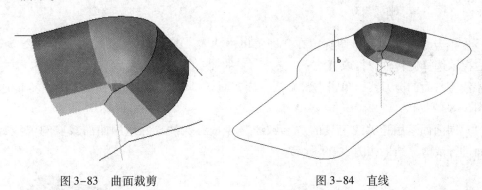

图 3-83　曲面裁剪　　　　　　图 3-84　直线

29）单击"旋转面" 图标，在立即菜单中输入"起始角"为 0、"终止角"为 90°，状态栏提示请选择旋转轴，拾取直线 b，选择向下的箭头方向；然后状态栏提示拾取母线，拾取刚才裁剪曲面的剪刀线，单击右键确认，旋转面立即生成。同理生成下方的旋转曲面，结果如图 3-85 所示。

30）单击"相关线" 图标，在立即菜单中选择"曲面参数线""过点"，选择对应曲面及圆弧的端点，生成曲面参数线。同理做出下方曲面的曲面参数线，结果如图 3-86 所示。

31）同前面的曲面裁剪，在立即菜单中选择"线裁剪"，将对应曲面进行裁剪，结果如图 3-87 所示。

32）单击"直线" 图标，在立即菜单中选择"两点线""单个""正交""点方式"，按空格键，在弹出的菜单中选择"圆心"，拾取和曲面相邻的圆弧。按 S 键切换为捕捉默认点状态，沿 Z 轴方向拖动鼠标，然后单击鼠标左键得到一条中心线 c，结果如图 3-88 所示。

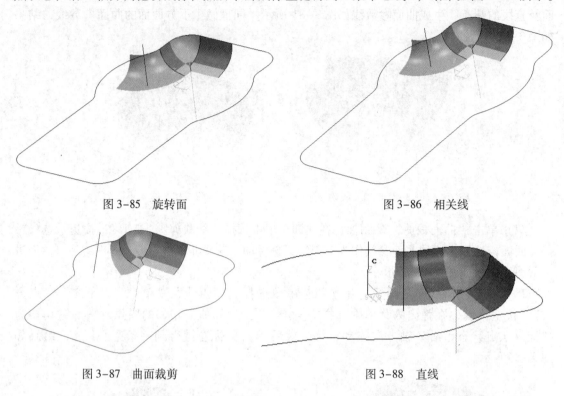

图 3-85　旋转面　　　　　　　　　　　　图 3-86　相关线

图 3-87　曲面裁剪　　　　　　　　　　　图 3-88　直线

33）单击"旋转面" 图标，在立即菜单中输入"起始角"为 0、"终止角"为 90°，状态栏提示选择旋转轴，拾取直线 c，选择向上的箭头方向；然后状态栏提示拾取母线，拾取刚才裁剪曲面的剪刀线，单击右键确认，旋转面立即生成。同理生成下方的旋转曲面，结果如图 3-89 所示。

34）同前面运用相关线工具的"参数线"生成参数线，并运用曲面裁剪的"线裁剪"对曲面进行裁剪，结果如图 3-90 所示。

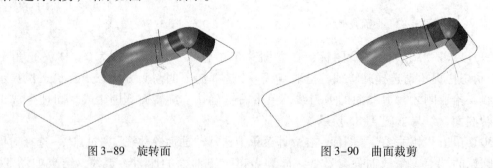

图 3-89　旋转面　　　　　　　　　　　　图 3-90　曲面裁剪

35）单击"直线" 图标，在立即菜单中选择"两点线""单个""正交""点方式"，按空格键，在弹出的菜单中选择"圆心"，拾取和曲面相邻的圆弧。按 S 键切换为捕捉默认点状态，沿 Z 轴方向拖动鼠标，然后单击鼠标左键得到一条中心线 d，结果如图 3-91 所示。

36）同前面的旋转曲面并裁剪，结果如图 3-92 所示。

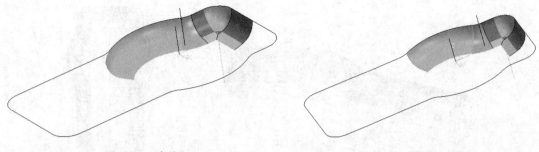

图 3-91　直线　　　　　　　　　　　　　　图 3-92　旋转面并裁剪

37）单击"直线" ╱ 图标，在立即菜单中选择"两点线""单个""正交""点方式"，捕捉两条长度为 58.5 的线段的中点，绘制一条镜像中心线，结果如图 3-93 所示。

38）按 F9 键，将构图平面切换为 XOY 平面，继续用直线命令绘制直线，捕捉刚绘制的镜像中心线的中点，绘制垂直于镜像中心线的一条直线，结果如图 3-94 所示。

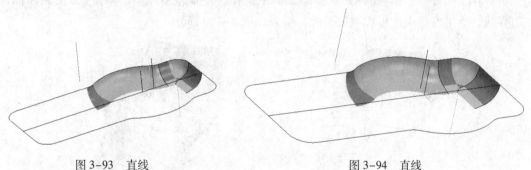

图 3-93　直线　　　　　　　　　　　　　　图 3-94　直线

39）单击"平面镜像" ⚖ 图标，选择"拷贝"方式，以刚绘制的直线的端点为起点和终点，选择曲面进行镜像，如图 3-95 所示。

40）单击"相关线" ▧ 图标，在立即菜单中选择"曲面边界线""单根"，选择对应曲面边界，生成曲面边界线，结果如图 3-96 所示。

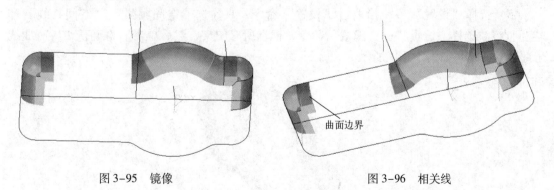

图 3-95　镜像　　　　　　　　　　　　　　图 3-96　相关线

41）利用直纹面工具，选择"曲线 + 曲线"方式，生成中间部分两曲面，结果如图 3-97所示。

42）单击"平面镜像" ⚖ 图标，选择"拷贝"方式，以中间直线的端点为镜像线的起点和终点，选择所有曲面进行镜像，如图 3-98 所示。

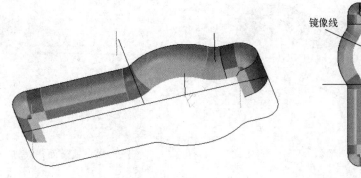

图 3-97　直纹面

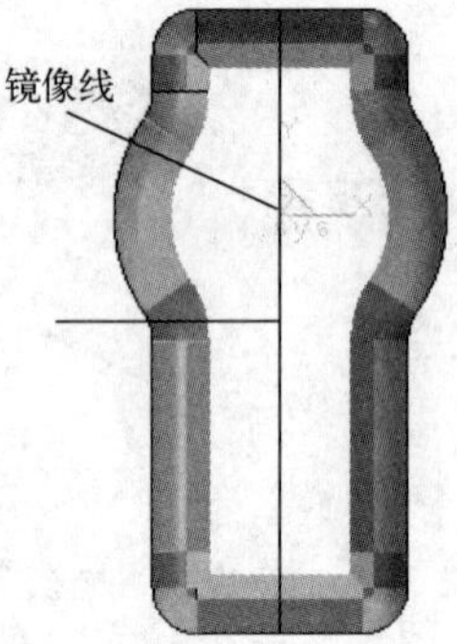

图 3-98　平面镜像

43）单击"相关线" 图标，在立即菜单中选择"曲面边界线""单根"，选择曲面内部边界，生成曲面边界线，结果如图 3-99 所示。

44）单击"平面" ⟋图标，在立即菜单中选择"平面裁剪"，拾取刚生成的封闭的曲面边界线，单击右键确认生成裁剪平面，结果如图 3-100 所示。

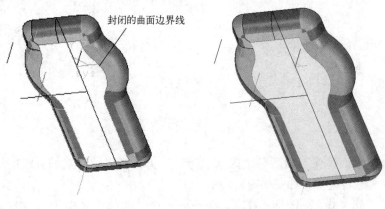

图 3-99　相关线

图 3-100　裁剪平面

45）选择"设置"→"拾取过滤设置"命令，只勾选"空间圆弧""空间直线"和"空间点"。选择"编辑"→"隐藏"命令，框选所有图素，然后单击右键确认，所有曲线全部隐藏，结果如图 3-101 所示。

图 3-101　隐藏线条

56

任务 3.5 可乐瓶底的曲面造型

【任务描述】

完成如图 3-102 所示的可乐瓶底的曲面造型。

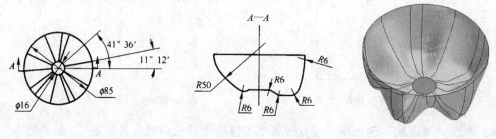

图 3-102 可乐瓶底

【任务分析】

由图 3-102 可知，可乐瓶底的曲面造型比较复杂，它有 5 个完全相同的部分。只要做出一个突起的两个截面线和一个凹进的截面线，然后进行圆形阵列就可以得到其他几个突起和凹进的所有截面线，最后使用网格面功能生成曲面。可乐瓶底最下边的平面可以使用直纹面中的"点＋曲线"方式生成。

【任务实施】

1）按 F7 键，将构图平面切换到 XOZ 平面。

2）单击"直线"╱图标，在立即菜单中选择"两点线""连续""正交""长度方式"，在"长度 ＝"中输入 42.5，绘制一条水平线。然后在"长度 ＝"中输入 37，绘制一条垂直线，单击右键结束，结果如图 3-103 所示。

3）单击"等距线" 图标，在立即菜单中选择"单根曲线""等距"，在"距离"中输入 8，按提示拾取垂直线，选择向左等距箭头，结果如图 3-104 所示。

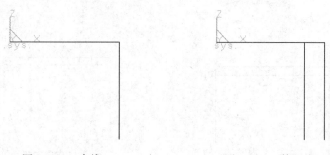

图 3-103 直线   图 3-104 等距线

4）单击"直线"╱图标，在立即菜单中选择"两点线""单个""正交""长度方式"，在"长度="中输入17，绘制一条水平线，结果如图 3-105 所示。

5）继续单击"直线"╱图标，在立即菜单中选择"两点线""连续""正交""长度方式"，在"长度="中输入32，绘制一条垂直线。然后在"长度="中输入8，绘制一条水平线，单击右键结束，结果如图 3-106 所示。

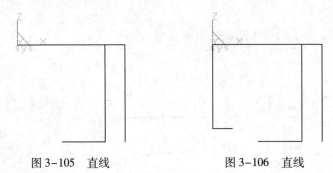

图 3-105 直线   图 3-106 直线

6）单击"等距线"╗图标，在立即菜单中选择"单根曲线""等距"，在"距离"中输入3，按提示拾取最上面的水平线，选择向下等距箭头，结果如图 3-107 所示。

7）单击"删除"╱图标，按提示拾取要删除的线条，单击右键确认完成操作，结果如图 3-108 所示。

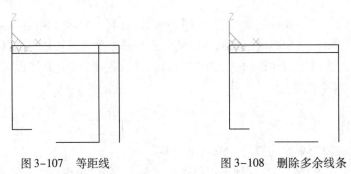

图 3-107 等距线   图 3-108 删除多余线条

8）单击"圆弧"╱图标，在立即菜单中选择"两点_半径"方式，按提示拾取 P_1 点和 P_2 点，然后按空格键，选择"切点"，拾取直线 L_1，结果如图 3-109 所示。

9）单击"整圆"⊙图标，在立即菜单中选择"两点_半径"方式，拾取直线 L_2 捕捉切点，再按空格键选择"缺省点"，拾取 P_3 点，按回车键输入半径6，单击右键确认，结果如图 3-110 所示。

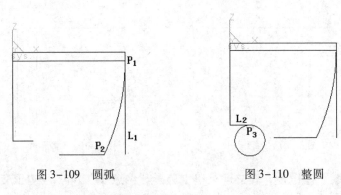

图 3-109 圆弧   图 3-110 整圆

10）单击"直线" / 图标，在立即菜单中选择"两点线""单个""非正交"，按提示拾取 P_4 点，按空格键选择"切点"，拾取刚绘制的圆弧，单击右键结束，结果如图 3-111 所示。

11）单击"整圆" ⊙ 图标，在立即菜单中选择"两点_半径"方式，按空格键选择"端点"，拾取刚绘制直线的上端点，再按空格键选择"切点"，拾取刚绘制的圆，按回车键输入半径 6，绘制出圆 C_1。继续以"两点_半径"方式画圆，按提示拾取 C_4 圆弧，按空格键选择"缺省点"，拾取直线 L_3 的右端点（P_1 点），按回车键输入半径 6，绘制出圆 C_2，单击右键确认，结果如图 3-112 所示。

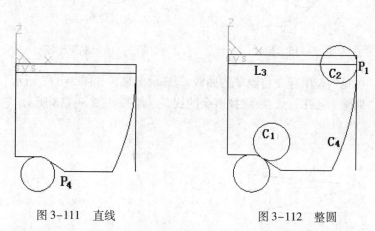

图 3-111　直线　　　　　　　　图 3-112　整圆

12）单击"圆弧" ⌒ 图标，在立即菜单中选择"两点_半径"方式，按空格键选择"切点"，分别拾取圆 C_1 和 C_2，按回车键输入半径 80，单击右键结束，结果如图 3-113 所示。

13）单击"曲线裁剪" ⊁ 图标，选择"快速裁剪""正常裁剪"，裁剪掉不需要的部分。继续单击"删除" ⊘ 图标，删除掉多余的线条，结果如图 3-114 所示。

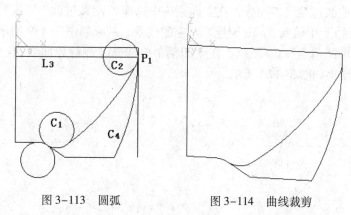

图 3-113　圆弧　　　　　　　　图 3-114　曲线裁剪

14）用右键单击 C_4 圆弧，选择"隐藏"，将 C_4 圆弧隐藏掉。按 F8 键切换为轴测图观察，再按 F9 键，将构图平面切换为 XOY 平面，如图 3-115 所示。

15）单击"平面旋转" ↻ 图标，在立即菜单中选择"固定角度""拷贝"、1 份，在"角度 ="中输入 41.6°，拾取坐标原点为旋转中心，然后框选所有线条，单击右键确认，结果如图 3-116 所示。

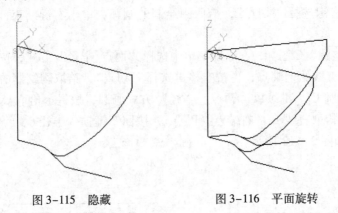

图 3-115　隐藏　　　　　　　图 3-116　平面旋转

16）单击"可见" 图标，将隐藏的曲线 C_4 显示出来，如图 3-117 所示。

17）单击"删除" 图标，删除掉多余的线条，结果如图 3-118 所示。

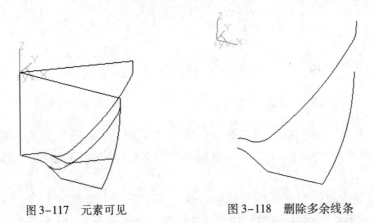

图 3-117　元素可见　　　　　　图 3-118　删除多余线条

18）单击"曲线过渡" 图标，在立即菜单中选择"圆弧过渡""裁剪曲线 1""裁剪曲线 2"，在"半径"中输入 6，分别拾取对应的线条，结果如图 3-119 所示。

19）单击"曲线组合" 图标，在立即菜单中选择"删除原曲线"，分别拾取两条截面线进行组合，结果如图 3-120 所示。

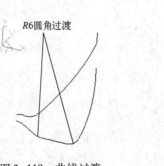
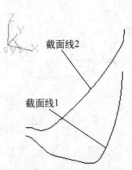

图 3-119　曲线过渡　　　　　　图 3-120　曲线组合

20）单击"整圆" ⊙图标，在立即菜单中选择"两点_半径"方式，分别拾取截面线1和截面线2的下端点，按回车键输入半径8，绘制出瓶底的圆。同理做出上部半径为42.5的圆，结果如图3-121所示。

21）单击"平面旋转" ⚙图标，在立即菜单中选择"固定角度""拷贝"、1份，在"角度＝"中输入11.2°，拾取坐标原点为旋转中心，然后拾取截面线1，单击右键确认，结果如图3-122所示。

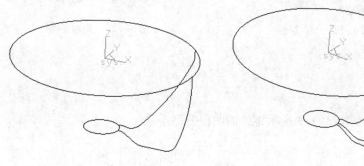

图3-121　整圆　　　　　　图3-122　平面旋转

22）单击"阵列" ⊞图标，在立即菜单中选择"圆形""均布"，在"份数＝"中输入5，拾取3条截面线，单击右键确认，拾取原点为阵列中心，结果如图3-123所示，整个线架绘制完成。

23）单击"网格面" ⊗图标，依次拾取U截面线共两条，单击右键确认，再依次拾取V截面线共15条，单击右键确认，生成网格曲面，结果如图3-124所示。

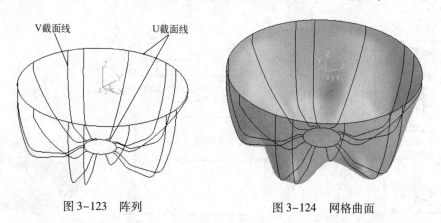

图3-123　阵列　　　　　　图3-124　网格曲面

24）单击"直纹面" ▱图标，在立即菜单中选择"点＋曲线"方式，按空格键选择"圆心"，拾取底部小圆捕捉圆心，按提示再拾取底部小圆曲线，单击右键确认，结果如图3-125所示。

25）在菜单栏中选择"设置"→"拾取过滤设置"命令，在弹出的对话框中取消勾选"空间曲面"复选框。然后选择"编辑"→"隐藏"命令，框选所有图素，单击右键确认，将所有曲线隐藏，结果如图3-126所示。

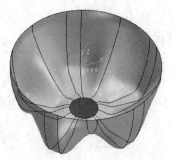

图 3-125　直纹面

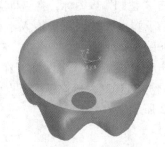

图 3-126　隐藏曲线

★ 拓展训练 ★

完成如图 3-127 ～ 图 3-133 所示零件的曲面造型。

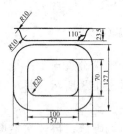

图 3-127　拓展训练 1

图 3-128　拓展训练 2

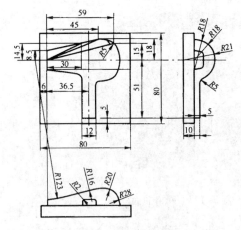

图 3-129　拓展训练 3

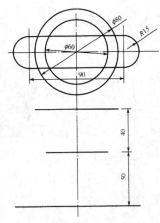
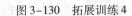

图 3-130　拓展训练 4

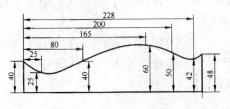

图 3-131　拓展训练 5

62

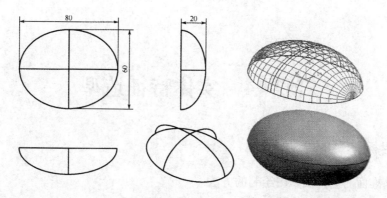

图 3-132　拓展训练 6

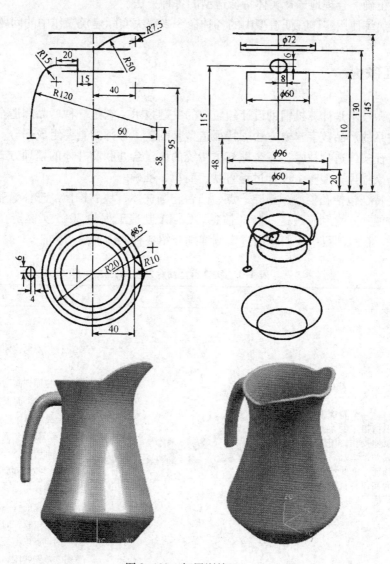

图 3-133　拓展训练 7

项目 4　实体特征造型

【学习目标】

- 掌握基准面的选择及草图绘制的方法。
- 掌握常见实体特征的构建方法。
- 能够正确、合理地选择实体特征造型的各种方法。
- 能够熟练使用实体特征造型中的各种命令来解决实际建模操作中的问题。

★知识链接★

实体造型技术是计算机辅助设计领域中的关键技术，它是一种产品制造全过程，描述信息和信息关系的产品数字建模方法。特征造型是制造工程师的重要组成部分。制造工程师采用精确的特征实体造型技术，完全抛弃了传统的体素合并和交并差的繁琐方式，将设计信息用特征术语来描述，使整个设计过程直观、简单、准确。

通常的特征包括孔、槽、型腔、点、凸台、圆柱体、块、锥体、球体、管子等，制造工程师可以方便地建立和管理这些特征信息。CAXA 制造工程师 2013 实体造型命令及使用方法见表 4-1。在本项目中我们将通过实例详细介绍各种实体的造型方法。

表 4-1　实体造型命令及使用方法

命　令	功　　能	图　　例	注　意　事　项
拉伸增料	将一个轮廓曲线根据指定的距离做拉伸操作，用于生成一个增加材料的特征。拉伸增料分为实体特征和薄壁特征	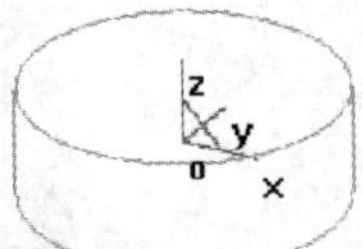 实体特征 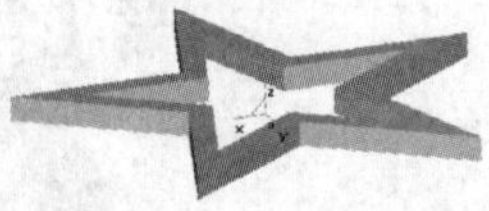 薄壁特征	◆ 在进行"双面拉伸"时，拔模斜度不可用。 　在进行"拉伸到面"时，要使草图能够完全地投影到这个面上，如果面的范围比草图小，会提示操作失败。 ◆ 在进行"拉伸到面"时，深度和反向拉伸不可用。 ◆ 在进行"拉伸到面"时，可以给定拔模斜度。 ◆ 草图中隐藏的线不能参与特征拉伸。 ◆ 在生成薄壁特征时，草图图形可以是封闭的也可以不是封闭的，不封闭的草图其草图线段必须是连续的

命 令	功 能	图 例	注 意 事 项
拉伸除料	将一个轮廓曲线根据指定的距离做拉伸操作，用于生成一个减去材料的特征		◆ 在进行"双面拉伸"时，拔模斜度不可用。 在进行"拉伸到面"时，要使草图能够完全地投影到这个面上，如果面的范围比草图小，会产生操作失败 ◆ 在进行"拉伸到面"时，深度和反向拉伸不可用。 ◆ 在进行"贯穿"时，深度、反向拉伸和拔模斜度不可用
旋转增料	通过围绕一条空间直线旋转一个或多个封闭轮廓，增加生成一个特征		◆ 轴线是空间曲线，需要在退出草图状态后绘制
旋转除料	通过围绕一条空间直线旋转一个或多个封闭轮廓，移除生成一个特征		◆ 轴线是空间曲线，需要在退出草图状态后绘制
放样增料	根据多个截面线轮廓生成一个实体		◆ 截面线应为草图轮廓。 ◆ 轮廓按照操作中的拾取顺序排列。 ◆ 拾取轮廓时要注意状态栏指示，拾取不同的边、不同的位置会产生不同的结果
放样除料	根据多个截面线轮廓移出一个实体		同上

命令	功 能	图 例	注 意 事 项
导动增料	将某一截面曲线或轮廓线沿着另外一条轨迹线运动生成一个特征实体		◆ 截面线应为封闭的草图轮廓。 ◆ 导动方向和导动线链搜索方向的选择要正确。 ◆ 导动的起始点必须在截面草图平面上。 ◆ 导动线可以由多段曲线组成，但曲线间必须是光滑过渡
导动除料	将某一截面曲线或轮廓线沿着另外一条外轨迹线运动移出一个特征实体。		同上
曲面加厚增料	对指定的曲面按照给定的厚度和方向生成实体		加厚方向的选择要正确
曲面加厚除料	对指定的曲面按照给定的厚度和方向进行移出的特征修改		◆ 加厚方向的选择要正确。 ◆ 在应用曲面加厚除料时，实体应至少有一部分大于曲面。若曲面完全大于实体，系统会提示特征操作失败。 ◆ 在曲面填充减料中曲面必须使用封闭的曲面
曲面裁剪除料	用生成的曲面对实体进行修剪，去掉不需要的部分		◆ 除料方向的选择要正确。 ◆ 在特征树中右键单击"曲面裁剪"，选择"修改特征"，弹出"曲面裁剪"对话框，其中增加了"重新拾取曲面"的按钮，可以以此重新选择裁剪所用的曲面

命令	功　能	图　例	注意事项
过渡	过渡是指以给定半径或半径规律在实体间做光滑过渡		◆ 在进行变半径过渡时，只能拾取边，不能拾取面。 ◆ 在变半径过渡时，注意控制点的顺序。 ◆ 在使用过渡面后退功能时，过渡边不能少于 3 条且有公共点。
倒角	倒角是指对实体的棱边进行光滑过渡		两个平面的棱边才可以倒角
打孔	在平面上直接去除材料生成各种类型的孔		◆ 打通孔时，深度不可用。 ◆ 指定孔的定位点时，单击平面后按回车键，可以输入打孔位置的坐标值
拔模	保持中性面与拔模面的交轴不变（即以此交轴为旋转轴），对拔模面进行相应拔模角度的旋转操作		拔模角度不要超过合理值
抽壳	根据指定壳体的厚度将实心物体抽成内空的薄壳体		抽壳厚度要合理
筋板	在指定位置增加加强筋		◆ 加固方向应指向实体，否则操作失败。 ◆ 草图形状可以不封闭

命令	功能	图例	注意事项
线性阵列	通过线性阵列可以沿一个方向或多个方向快速地进行特征的复制		◆ 如果特征 A 附着（依赖）于特征 B，当阵列特征 B 时，特征 A 不会被阵列。 ◆ 两个阵列方向都要选取
环形阵列	绕某基准轴旋转将特征阵列为多个特征，构成环形阵列		◆ 基准轴应为空间直线。 ◆ 如果特征 A 附着（依赖）于特征 B，当阵列特征 B 时，特征 A 不会被阵列
构造基准面	基准平面是草图和实体赖以生存的平面，它的作用是确定草图在哪个基准面上绘制，这就好像我们想把稿纸写文章首先选择一页稿纸一样。基面可以是特征树中已有的坐标平面，也可以是实体中生成的某个平面，还可以是通过某特征构造出的面		拾取时要满足各种不同构造方法给定的拾取条件
型腔	以零件为型腔生成包围此零件的模具		收缩率介于 −20% 至 20% 之间
分模	型腔生成后，通过分模使模具按照给定的方式分成几个部分		◆ 模具必须位于草图的基准面的一侧，而且草图的起始位置必须位于模具投影到草图基准面的投影视图的外部。 ◆ 草图分模的草图线两两相交之处在输出视图时会出现一直线，便于确定分模的位置
实体布尔运算	将另一个实体并入，与当前零件实现交、并、差的运算		◆ 采用"拾取定位的 X 轴"方式时，轴线为空间直线。 ◆ 选择文件时要注意文件的类型，不能直接输入 *.epb 文件，先将零件存成 *.x_t 文件，然后进行布尔运算。 ◆ 在进行布尔运算时，基体尺寸应比输入的零件稍大

任务 4.1　轴承支座的造型

【任务描述】

完成如图 4-1 所示的轴承支座的实体造型。

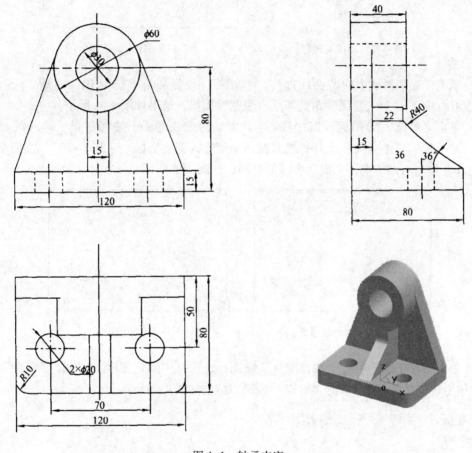

图 4-1　轴承支座

【任务分析】

由图 4-1 可知，首先选 XOY 平面作为基准面创建草图，绘制底板草图并拉伸增料；再选择底板后表面做草图并拉伸增料；接着在实体后表面做草图并拉伸增料；继续在实体后表面做草图并拉伸除料；最后在 YOZ 基准面做筋板草图用筋板特征完成轴承支座的实体造型。

【任务实施】

1）在特征管理栏中右击平面 XY 创建草图，如图 4-2 所示，单击曲线工具条中的"矩形"▢图标，选择以"中心_长_宽"的方式作图，输入长 120、宽 80，选择原点作为中心，单击右键确认，结果如图4-3所示。

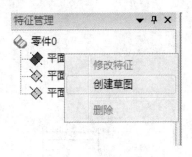

图4-2　特征管理栏

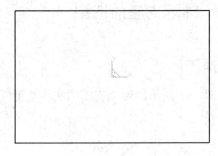

图4-3　矩形的绘制

2）单击线面编辑栏中的"曲线过渡" 图标，设置圆角半径为10，选择"裁剪曲线1"、"裁剪曲线2"，单击要倒圆角的两条直线完成操作，结果如图4-4所示。

3）单击"整圆" 图标，以"圆心_半径"的方式画圆，按回车键，输入圆心坐标"35，-10"，按回车键输入半径10；继续按回车键输入圆心坐标"-35，-10"，按回车键输入半径10，单击右键结束，完成两个圆的绘制，如图4-5所示。

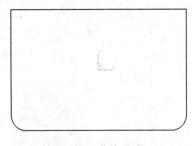

图4-4　曲线过渡

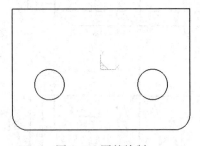

图4-5　圆的绘制

4）单击特征生成栏中的"拉伸增料" 图标，选择"固定深度"方式，"深度"输入15，拉伸为"实体特征"，单击"确定"按钮，结果如图4-6所示。

图4-6　"拉伸增料"对话框及设计结果

5）单击底板后表面，右击选择"创建草图"命令，如图4-7所示。单击"整圆"图标，以"圆心_半径"的方式画圆，按回车键输入圆心坐标"0,65"，按回车键输入半径30，单击右键确认，完成圆的绘制，结果如图4-8所示。

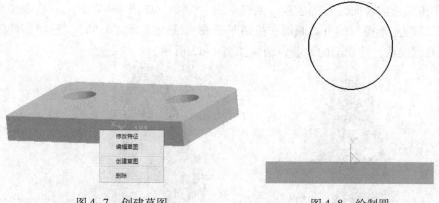

图 4-7　创建草图　　　　　　　　　　图 4-8　绘制圆

6）单击"直线" ∠ 图标，选择"两点线""单个""非正交"，按空格键选择"切点"，单击 R30 圆接近切点的位置，按回车键输入"-60,0"，再按回车键输入"60,0"，按空格键选择"切点"画出切线，单击 R30 圆接近切点的位置，单击右键确认，结果如图 4-9 所示。

7）单击"曲线裁剪" 图标，选择"快速裁剪""正常裁剪"，分别单击需要裁掉的曲线，单击右键确认完成裁剪，结果如图 4-10 所示。

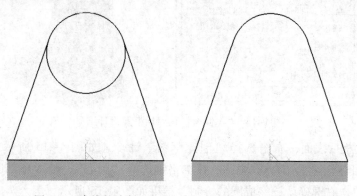

图 4-9　直线的绘制　　　　　　图 4-10　曲线裁剪

8）单击特征生成栏中的"拉伸增料" 图标，选择"固定深度"方式，"深度"输入15，勾选"反向拉伸"，拉伸为"实体特征"，单击"确定"按钮，结果如图 4-11 所示。

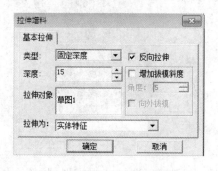

图 4-11　"拉伸增料"对话框及设计结果

9）单击底板后表面，右击选择"创建草图"命令，如图4-12所示。单击"整圆" ⊙ 图标，以"圆心_半径"的方式画圆，按回车键输入圆心坐标"0，65"，按回车键输入半径30，单击右键确认，完成圆的绘制，结果如图4-13所示。

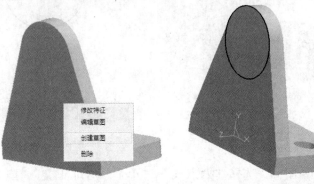

图4-12　创建草图　　　　　　　图4-13　圆的绘制

10）单击特征生成栏中的"拉伸增料" ▣ 图标，选择"固定深度"方式，"深度"输入40，勾选"反向拉伸"，拉伸为"实体特征"，单击"确定"按钮，结果如图4-14所示。

图4-14　"拉伸增料"对话框及设计结果

11）单击底板后表面，右击选择"创建草图"命令，如图4-15所示。单击"整圆" ⊙ 图标，以"圆心_半径"的方式画圆，按空格键选择"圆心"，拾取顶部圆弧，按回车键输入半径15，单击右键确认，完成圆的绘制，结果如图4-16所示。

图4-15　创建草图　　　　　　　图4-16　圆的绘制

12）单击特征生成栏中的"拉伸除料" ▣ 图标，选择"贯穿"方式，拉伸为"实体特征"，单击"确定"按钮，结果如图4-17所示。

72

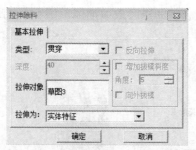

图 4-17 "拉伸除料"对话框及设计结果

13）在特征管理栏中右击平面 YZ 选择"创建草图"命令，单击"直线" ⌀图标，选择"两点线""单个""正交""长度方式"，在"长度 ="中输入 50，按空格键选择"中点"，单击底板前表面上边缘，按空格键选择"缺省点"，单击左键，结果如图 4-18 所示。

14）单击曲线生成栏中的"等距线" ⌐图标，"距离"输入 43，拾取刚画的直线，选择向内箭头，结果如图 4-19 所示。

图 4-18　直线的绘制　　　　　　　　图 4-19　等距曲线

15）单击"直线" ⌀图标，选择"角度线""单个""X 轴角度"，在"角度 ="中输入 -36，选择刚画直线的端点，长度自定，单击右键确认，结果如图 4-20 所示。

16）单击线面编辑栏中的"曲线过渡" ⌐图标，设置圆角半径为 12，选择"裁剪曲线 1""裁剪曲线 2"，单击要倒圆角的两条直线完成操作，单击"删除" ⌀图标删除多余的线条，结果如图 4-21 所示。

图 4-20　直线的绘制　　　　　　　　图 4-21　曲线编辑结果

73

17）单击特征生成栏中的"筋板" 图标，选择"双向加厚"方式，"厚度"输入 15，单击"确定"按钮，结果如图 4-17 所示。

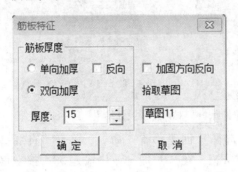

图 4-22 "筋板特征"对话框及设计结果

任务 4.2　三维支座的造型

【任务描述】

完成如图 4-23 所示的三维支座的实体造型。

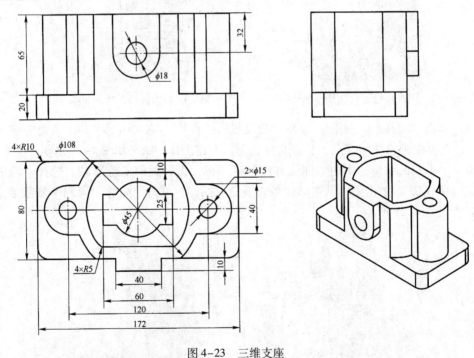

图 4-23　三维支座

【任务分析】

由图 4-23 可知，首先选 XOY 平面作为基准面创建草图，绘制底板草图并拉伸增料；再选择底板后表面做草图并拉伸增料；接着在底板实体上表面做草图并拉伸增料；继续在实体上表面做草图并拉伸除料；然后在实体前表面做草图并拉伸增料，继续在实体前表面做草图并拉伸除料，最后对底板的 4 条棱进行实体圆弧过渡，完成三维支座的实体造型。

【任务实施】

1）在零件特征管理栏中右击平面 XY 创建草图，如图 4-24 所示，然后单击曲线生成栏中的"矩形" ▢ 图标，选择以"中心_长_宽"的方式作图，输入长 172、宽 80，选择原点作为中心，单击右键确认，结果如图 4-25 所示。

图 4-24 特征管理栏　　　　　　图 4-25 矩形的绘制

2）单击特征生成栏中的"拉伸增料" ▣ 图标，选择"固定深度"方式，"深度"输入 20，拉伸为"实体特征"，单击"确定"按钮，结果如图 4-26 所示。

图 4-26 "拉伸增料"对话框及设计结果

3）单击底板上表面，右击选择"创建草图"命令，如图 4-27 所示。单击"曲线投影" ▨ 图标，选择前、后两条边，单击右键确认。单击"整圆" ☉ 图标，选择"圆心_半径"方式，单击原点作为圆心，按回车键输入半径 54，单击右键确认，结果如图 4-28 所示。

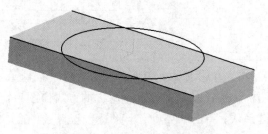

图 4-27 创建草图　　　　　　图 4-28 投影曲线及圆的绘制

4）单击"整圆" ⊙图标，以"圆心_半径"的方式画圆，按回车键输入圆心坐标"60,0"，按回车键输入半径20；继续按回车键输入圆心坐标"-60,0"，按回车键输入半径20，单击右键结束，完成两个圆的绘制，如图4-29所示。

5）单击"直线" ∕图标，选择"两点线""单个""非正交"，按空格键选择"切点"，单击两圆接近切点的位置，画出切线，同理做出另一条切线，结果如图4-30所示。

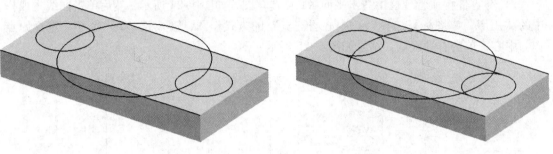

图4-29　圆的绘制　　　　　　　　　　　图4-30　切线的绘制

6）单击线面编辑栏中的"曲线裁剪" 图标，选择"快速裁剪""正常裁剪"，分别单击需要裁掉的曲线，通过右键确认完成裁剪，结果如图4-31所示。

7）单击特征生成栏中的"拉伸增料" 图标，选择"固定深度"方式，"深度"输入65，拉伸为"实体特征"，单击"确定"按钮，结果如图4-32所示。

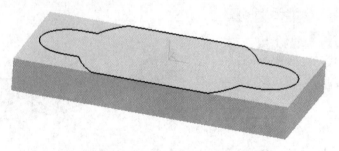

图4-31　曲线裁剪

图4-32　"拉伸增料"对话框及设计结果

8）单击实体上表面，右击选择"创建草图"命令，如图4-33所示。单击"矩形" ▢图标，选择以"中心_长_宽"的方式作图，输入长60、宽25，选择原点作为中心，单击右键确认。单击"整圆" ⊙图标，选择"圆心_半径"方式，单击原点作为圆心，按回车键输入半径22.5，单击右键确认，结果如图4-34所示。

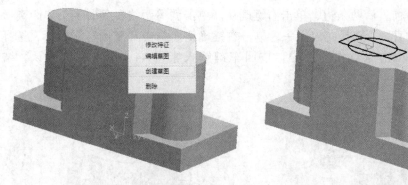

图4-33 创建草图   图4-34 矩形和圆的绘制

9）单击"曲线裁剪" 图标，选择"快速裁剪""正常裁剪"，分别单击需要裁掉的曲线，通过右键确认完成裁剪，结果如图4-35所示。

10）单击"整圆" 图标，以"圆心_半径"的方式画圆，按回车键输入圆心坐标"60,0"，按回车键输入半径7.5；继续按回车键输入圆心坐标"-60,0"，按回车键输入半径7.5，单击右键结束，完成两个圆的绘制，如图4-36所示。

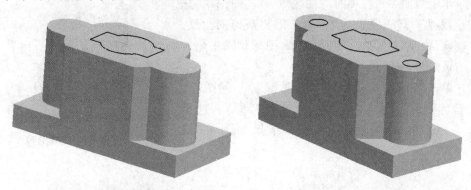

图4-35 曲线裁剪   图4-36 圆的绘制

11）单击特征生成栏中的"拉伸除料" 图标，选择"贯穿"方式，拉伸为"实体特征"，单击"确定"按钮，结果如图4-37所示。

图4-37 "拉伸除料"对话框及设计结果

12）单击实体上表面，右击选择"创建草图"命令，如图4-38所示。单击"曲线投影"⟨图标⟩图标，选择前、后两条边，单击右键确认。单击"等距线"⟨图标⟩图标，"距离"输入10，拾取刚生成的直线，选择向内箭头，单击右键确认。单击"整圆"⟨图标⟩图标，选择"圆心_半径"方式，单击原点作为圆心，按回车键输入半径44，单击右键确认，结果如图4-39所示。

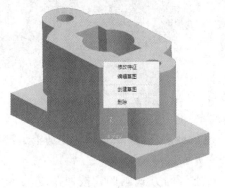 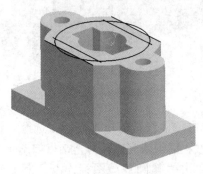

图4-38　创建草图　　　　　　　　图4-39　等距曲线及圆的绘制

13）单击线面编辑栏中的"曲线裁剪"⟨图标⟩图标，选择"快速裁剪""正常裁剪"，单击需要裁掉的曲线，通过右键确认，然后单击"删除"⟨图标⟩图标删除多余的线条，结果如图4-40所示。

14）单击特征生成栏中的"拉伸除料"⟨图标⟩图标，选择"拉伸到面"方式，拉伸为"实体特征"，选择底板上表面，单击"确定"按钮，结果如图4-41所示。

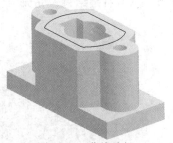

图4-40　曲线编辑

图4-41　"拉伸除料"对话框及设计结果

任务4.3　带轮的造型

【任务描述】

完成如图4-42所示的带轮的实体造型。

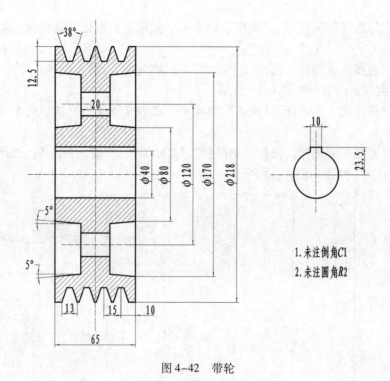

图 4-42 带轮

【任务分析】

由图 4-42 可知，首先选 XOZ 平面作为基准面创建草图，绘制带轮剖切截面草图并旋转增料；然后以 YOZ 平面作为基准面创建草图并拉伸除料，再将拉伸除料进行圆形阵列；接着在轮毂端面做传动轴孔草图并拉伸除料，最后进行圆角过渡和倒角，完成带轮的实体造型。

【任务实施】

1）在特征管理栏中右击平面 XY 创建草图，如图 4-43 所示，然后单击"矩形" □ 图标，选择以"两点矩形"的方式作图，单击原点，按回车键输入坐标"32.5,109"，结果如图 4-44 所示。

图 4-43　创建草图

图 4-44　矩形的绘制

2）单击"等距线"⅂图标，"距离"输入40，拾取矩形下边，选择向上箭头，结果如图4-45所示。

3）单击"直线"✎图标，选择"角度线""X轴夹角"，输入角度−5，选择刚画直线的右端点，长度自定，结果如图4-46所示。

4）单击"等距线"⅂图标，"距离"输入85，拾取矩形下边，选择向上箭头，结果如图4-47所示。

5）单击"直线"✎图标，选择"角度线""X轴夹角"，输入角度5，选择刚画直线的右端点，长度自定，结果如图4-48所示。

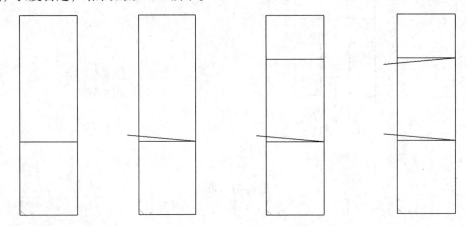

图4-45　等距曲线　　　图4-46　角度线　　　图4-47　等距曲线　　　图4-48　角度线

6）单击"等距线"⅂图标，"距离"输入10，拾取矩形左侧边，选择向右箭头，结果如图4-49所示。

7）单击"曲线裁剪"✂图标，选择"快速裁剪""正常裁剪"，分别单击需要裁掉的曲线，然后单击"删除"⌦图标，选择多余的线条，单击右键确认，结果如图4-50所示。

8）单击"等距线"⅂图标，"距离"输入12.5，拾取矩形上边，选择向下箭头，结果如图4-51所示。

9）继续输入"距离"为3.5，拾取最右边直线的上半部，选择向左箭头，结果如图4-52所示。

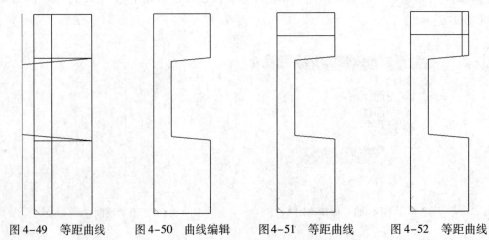

图4-49　等距曲线　　　图4-50　曲线编辑　　　图4-51　等距曲线　　　图4-52　等距曲线

10）单击"直线" ✏图标，选择"角度线""Y轴夹角"，输入角度 –19，选择刚画直线的上端点，长度自定，结果如图 4-53 所示。

11）单击"等距线" ➐图标，"距离"输入 6.5，拾取第 9 步所画的直线，选择向左箭头，结果如图 4-54 所示。

12）单击"平面镜像" ▲图标，选择"拷贝"，按提示选择镜像线的两个端点，然后拾取要复制的图形元素，单击右键完成操作，结果如图 4-55 所示。

13）单击"曲线裁剪" ✂图标，选择"快速裁剪""正常裁剪"，分别单击需要裁掉的曲线，然后单击"删除" ✐图标，选择多余的线条，单击右键确认，结果如图 4-56 所示。

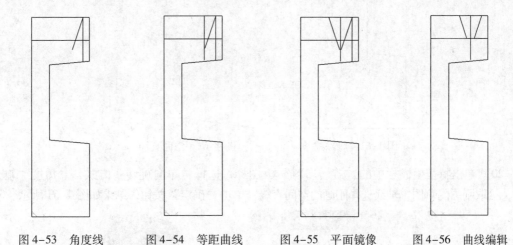

图 4-53　角度线　　　图 4-54　等距曲线　　　图 4-55　平面镜像　　　图 4-56　曲线编辑

14）单击"等距线" ➐图标，"距离"输入 7.5，拾取第 11 步所画的直线，选择向左箭头，结果如图 4-57 所示。

15）单击"平面镜像" ▲图标，选择"拷贝"，按提示选择镜像线的两个端点，然后拾取要复制的图形元素，单击右键完成操作，结果如图 4-58 所示。

16）单击"曲线裁剪" ✂图标，选择"快速裁剪""正常裁剪"，分别单击需要裁掉的曲线，然后单击"删除" ✐图标，选择多余的线条，单击右键确认，结果如图 4-59 所示。

17）单击"平面镜像" ▲图标，选择"拷贝"，按提示选择镜像线的两个端点，然后拾取要复制的图形元素，单击右键完成操作，结果如图 4-60 所示。

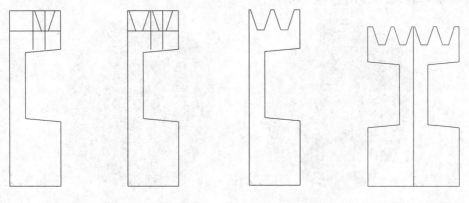

图 4-57　等距曲线　　　图 4-58　平面镜像　　　图 4-59　曲线编辑　　　图 4-60　平面镜像

18）单击"删除" 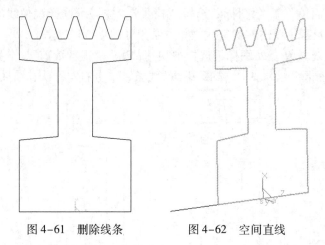图标，选择多余的线条，单击右键确认，结果如图4-61所示。

19）单击"绘制草图" 图标，退出草图，单击XZ平面，绘制空间直线，首先单击"直线" 图标，然后选择"两点线""单个""正交""点方式"，按提示完成直线的绘制，结果如图4-62所示。

图4-61　删除线条　　　　　　图4-62　空间直线

20）单击特征生成栏中的"旋转增料" 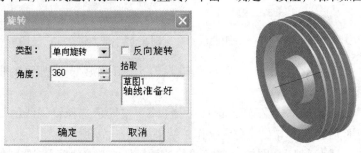图标，选择"单向旋转"方式，"角度"输入360，拾取刚画的草图，轴线选择刚画的空间直线，单击"确定"按钮，结果如图4-63所示。

图4-63　"旋转"对话框及设计结果

21）单击实体上表面，右击选择"创建草图"命令，如图4-64所示。单击"整圆" 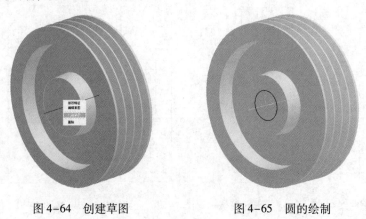图标，以"圆心_半径"的方式画圆，单击原点作为圆心，按回车键后输入半径20，按右键结束，完成圆的绘制，如图4-65所示。

图4-64　创建草图　　　　　　图4-65　圆的绘制

82

22）单击"矩形" □ 图标，选择以"中心_长_宽"的方式作图，输入长 10、宽 7，选择刚画的象限点，单击右键确认，结果如图 4-66 所示。

23）单击"曲线裁剪" ✂ 图标，选择"快速裁剪""正常裁剪"，单击需要裁掉的曲线，通过右键确认；单击"删除" ✐ 图标，选择多余的线条，单击右键确认，结果如图 4-67 所示。

图 4-66　矩形的绘制

图 4-67　曲线编辑

24）单击特征生成栏中的"拉伸除料" ▣ 图标，选择"贯穿"方式，拉伸为"实体特征"，单击"确定"按钮，结果如图 4-68 所示。

图 4-68　"拉伸除料"对话框及设计结果

25）单击轮辐面，右击选择"创建草图"命令，如图 4-69 所示。按 F5 键，然后单击"整圆" ⊙ 图标，选择"圆心_半径"，按回车键输入坐标"0，60"，按回车键输入 10，通过右键确认完成圆的绘制，结果如图 4-70 所示。

图 4-69　创建草图

图 4-70　圆的绘制

26）单击特征生成栏中的"拉伸除料" 图标，选择"贯穿"方式，拉伸为"实体特征"，单击"确定"按钮，结果如图4-71所示。

图4-71 "拉伸除料"对话框及设计结果

27）单击特征生成栏中的"环形阵列" 图标，"阵列对象"选择上一步的拉伸除料，基准轴选择带轮轴线，"角度"输入90，"数目"输入4，单击"确定"按钮完成阵列，结果如图4-72所示。

图4-72 "环形阵列"对话框及设计结果

任务4.4 天圆地方的造型

【任务描述】

完成如图4-73所示的天圆地方的实体造型。

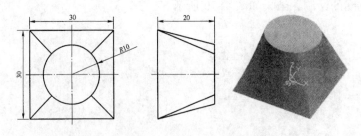

图4-73 天圆地方

【任务分析】

天圆地方有多种建模方法，为了避免发生扭曲，我们选择曲面裁剪方式，这也是解决一般较为复杂的零件的通用造型方法。首先使用"直纹面"功能将所需的造型做成一个封闭的曲面，然后使用特征生成栏中的"拉伸增料"及"曲面裁剪除料"功能实现其实体造型。

【任务实施】

1）按 F5 键，然后单击"矩形" □ 图标，选择以"中心_长_宽"的方式作图，输入长30、宽30，单击原点，再单击右键完成，结果如图 4-74 所示。

2）单击"整圆" ⊙ 图标，选择"圆心_半径"，按回车键输入圆心坐标"0，0，20"，按回车键，再按回车键输入 10，单击右键确认完成圆的绘制，结果如图 4-75 所示。

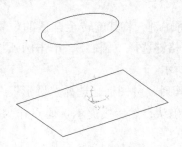

图 4-74　矩形的绘制　　　　　　　图 4-75　圆的绘制

3）单击"直线" ∕ 图标，选择"角度线""X 轴夹角"，输入角度 45，按空格键选择"圆心"，再按空格键选择"缺省点"，长度自定，同理做出与 Y 轴夹角 45°的线，结果如图 4-76 所示。

4）单击"曲线裁剪" ✂ 图标，选择"快速裁剪""正常裁剪"，单击需要裁掉的曲线，单击右键确认；单击"删除" ⊘ 图标，选择多余线条，单击右键确认，结果如图 4-77 所示。

5）单击"打断" ✂ 图标，选择圆弧，按空格键选择"中点"，完成曲线的打断，同理打断下方直线，结果如图 4-78 所示。

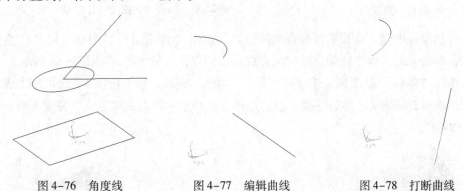

图 4-76　角度线　　　　　图 4-77　编辑曲线　　　　　图 4-78　打断曲线

6）单击"直纹面" ⬡ 图标，选择"曲线+曲线"方式，选取圆弧及直线的边缘，选择时尽量边与边对应，以免发生扭曲，同理生成另一半直纹面。为了便于选择和观察，右击曲面将颜色修改成不同颜色，如图 4-79 所示。

7）单击"阵列" ▦ 图标，选择"圆形""均布"方式，输入份数 4，选取刚生成的两个面，单击右键确认，然后按提示选原点作为中心点，单击右键确认，完成阵列，结果如图 4-80 所示。

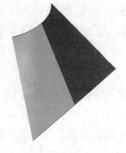

图 4-79　直纹面　　　　　　　　　　图 4-80　阵列对话框及设计结果

8）按住鼠标中键，将其旋转至合适的位置。单击"直纹面" 图标，选择"曲线 + 点"方式，按空格键选择"圆心"，单击圆弧捕捉圆心，再单击圆弧拾取曲线生成直纹面，结果如图 4-81 所示。

9）单击"阵列" 图标，选择"圆形""均布"方式，输入份数 8，选取刚生成的直纹面，单击右键确认，然后按提示选原点作为中心点，单击右键确认，完成阵列，结果如图 4-82 所示。

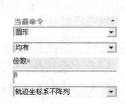

图 4-81　直纹面　　　　　　　　　　图 4-82　阵列对话框及设计结果

10）按住鼠标中键，将其旋转至合适的位置。单击"直纹面" 图标，选择"曲线 + 点"方式，单击原点，单击底部直线生成直纹面，同理做出另一半，如图 4-83 所示。

11）单击"阵列" 图标，选择"圆形""均布"方式，输入份数 4，选取刚生成的两个直纹面，单击右键确认，然后按提示选原点作为中心点，单击右键确认，完成阵列，结果如图 4-84 所示。

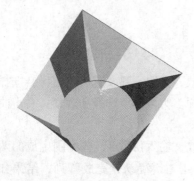

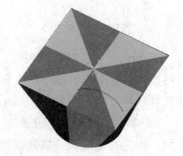

图 4-83　直纹面　　　　　　　　　　图 4-84　阵列对话框及设计结果

12）在特征管理栏中右击平面 XY 创建草图，如图 4-85 所示。单击"矩形"□ 图标，选择以"中心_长_宽"的方式作图，输入长 30、宽 30，选择原点作为中心，单击右键确认，结果如图 4-86 所示。

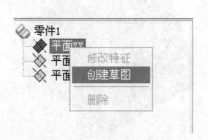

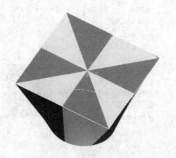

图 4-85　创建草图　　　　　　　　　　图 4-86　矩形的绘制

13）单击特征生成栏中的"拉伸增料"⬛ 图标，选择"固定深度"方式，"深度"输入 20，拉伸为"实体特征"，单击"确定"按钮，结果如图 4-87 所示。

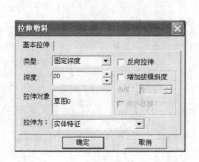

图 4-87　"拉伸增料"对话框及设计结果

14）单击特征生成栏中的"曲面裁剪除料"⬛ 图标，框选所有曲面，判断去除材料箭头朝外，单击右键确定，结果如图 4-88 所示。

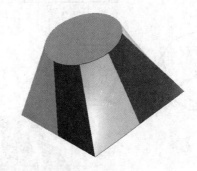

图 4-88　"曲面裁剪除料"对话框及设计结果

15）选择"设置"菜单中的"拾取过滤设置"命令，在弹出的对话框中勾选"空间曲面""空间直线""空间圆（弧）""草图点""草图曲线端点""空间点""空间曲线端点"复选框，如图 4-89 所示。选择"编辑"菜单中的"隐藏"命令，框选所有图素，将所有曲面和曲线隐藏，结果如图 4-90 所示。

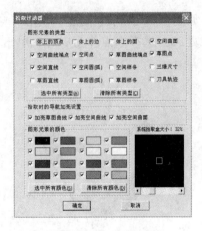

图 4-89 拾取过滤器

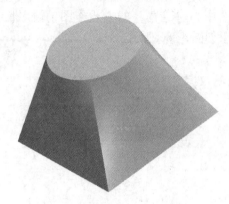

图 4-90 天圆地方实体结果

任务 4.5 香水瓶的造型

【任务描述】

完成如图 4-91 所示的香水瓶的实体造型。

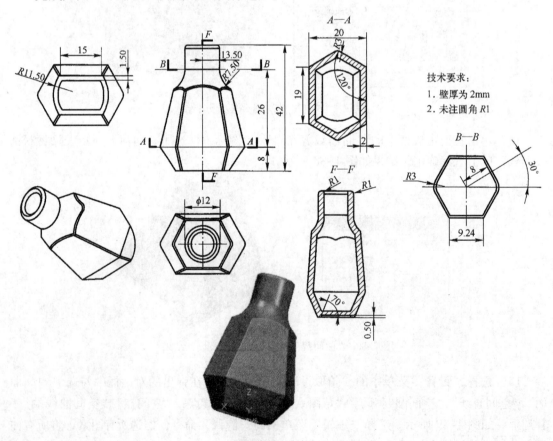

图 4-91 香水瓶

技术要求：

1. 壁厚为 2mm
2. 未注圆角 R1

88

【任务分析】

由图 4-91 可知，先在草图方式下绘制 3 个截面，利用截面进行放样增料，做出瓶身主体部分；然后在瓶身上表面拉伸圆柱体；瓶颈部分利用旋转除料做出大致形状；最后对瓶身进行抽壳，圆角过渡；瓶底利用拉伸除料，即可完成对香水瓶的实体造型。

【任务实施】

1）在特征管理栏中右击平面 XY 创建草图，如图 4-92 所示。单击"矩形" □ 图标，选择以"中心_长_宽"的方式作图，输入长 15、宽 13，选择原点作为中心，单击右键确认，结果如图 4-93 所示。

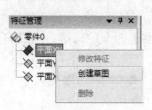

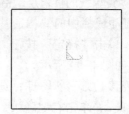

图 4-92　创建草图　　　　　　　　图 4-93　矩形的绘制

2）单击"圆弧" 图标，选择"两点_半径"方式，分别选择上、下两直线段端点并输入半径 11.5，然后删除矩形左、右两条边，最后按 F2 键退出草图，结果如图 4-94 所示。

3）单击特征生成栏中的"构造基准面" 图标，选择等距平面，输入距离 8，构造条件选择平面 XY，单击"确定"按钮，完成辅助基准平面 4 的构造，结果如图 4-95 所示。

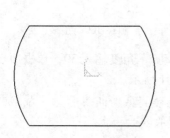

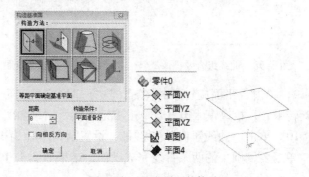

图 4-94　圆弧的绘制　　　　　　　　图 4-95　基准平面的构造

4）右击平面 4 创建草图，按 F5 键，然后单击"矩形" □ 图标，选择以"中心_长_宽"的方式作图，输入长 19、宽 20，选择原点作为中心，单击右键确认。删除左、右两条边，再单击"直线" 图标，选择"角度线"、"X 轴夹角"，分别输入角度 60 和 -60，按提示绘制两条角度线，结果如图 4-96 所示。

5）单击"曲线过渡" 图标，设置圆角半径为 3，选择"裁剪曲线 1""裁剪曲线 2"，单击要倒圆角的两条直线完成操作，结果如图 4-97 所示。

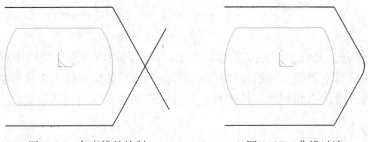

图4-96　角度线的绘制　　　　　　　　图4-97　曲线过渡

6）单击"曲线组合" ➛图标，选择"删除原曲线"方式，按空格键选择"单个拾取"命令，依次选取右边的3段曲线，单击右键确认。然后单击"平面镜像" ⬥图标，选择上、下两条边的中点作为镜像线的首末点，拾取刚组合的曲线，单击右键确认，结果如图4-98所示。

7）单击特征生成栏中的"构造基准面" ⬥图标，选择等距平面，输入距离34，构造条件选择平面XY，单击"确定"按钮，完成辅助基准平面5的构造，然后右击平面5，选择创建草图，结果如图4-99所示。

8）单击"正多边形" ⬡图标，选择"中心""外切"，边数输入6，单击原点作为中心，按回车键输入8，单击右键确认，结果如图4-100所示。

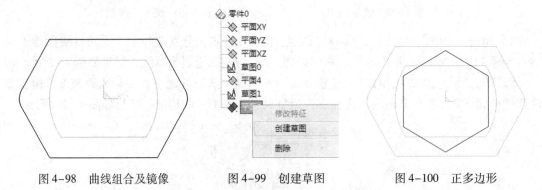

图4-98　曲线组合及镜像　　　图4-99　创建草图　　　图4-100　正多边形

9）单击"平面旋转" ⬥图标，选择"固定角度""移动"，角度输入30，单击原点作为旋转中心，拾取正六边形，单击右键确认，结果如图4-101所示。

10）单击"曲线过渡" ◤图标，设置圆角半径为3，选择"裁剪曲线1"、"裁剪曲线2"，单击要倒圆角的两条直线完成操作，结果如图4-102所示。

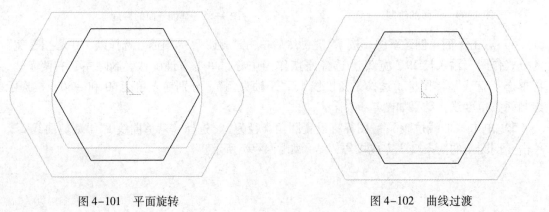

图4-101　平面旋转　　　　　　　　　图4-102　曲线过渡

11）单击"曲线组合" 图标，选择"删除原曲线"方式，按空格键选择"单个拾取"命令，然后依次选取左边的 3 段曲线，单击右键确认，同理组合右侧的 3 段曲线，结果如图 4-103 所示。

12）单击"放样增料" 图标，单击"草图 0"和"草图 1"，注意在拾取草图时边要对应，以免发生扭曲，结果如图 4-104 所示。

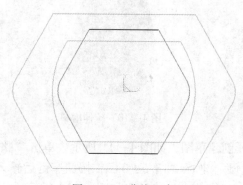

图 4-103　曲线组合

图 4-104　放样增料

13）右击刚创建的实体上表面创建草图，如图 4-105 所示。单击"曲线投影" 图标，选择上表面的边缘，单击右键确认，将 4 根线投影到当前草图 4 中，然后按 F2 键退出草图，结果如图 4-106 所示。

14）单击"放样增料" 图标，单击"草图 3"和"草图 4"，注意在拾取草图时边要对应，以免发生扭曲，结果如图 4-107 所示。

图 4-105　创建草图

图 4-106　曲线投影

15）右击实体上表面选择创建草图，如图 4-108 所示。单击"整圆" 图标，以"圆心_半径"的方式画圆，单击原点作为圆心，按回车键后输入半径 6，单击右键结束，完成圆的绘制，然后按 F2 键退出草图，如图 4-109 所示。

图 4-107　放样增料

图 4-108　创建草图

16）单击特征生成栏中的"拉伸增料" 图标，选择"固定深度"方式，"深度"输入8，拉伸为"实体特征"，单击"确定"按钮，结果如图4-110所示。

图4-109　圆的绘制

图4-110　拉伸增料

17）按F7键，然后右击平面XZ选择创建草图，如图4-111所示，单击"整圆" 图标，以"圆心_半径"的方式画圆，输入圆心坐标"13.5，34"，按回车键后输入半径15，单击右键确认，完成圆的绘制，然后按F2键退出草图，结果如图4-112所示。

18）单击"直线" 图标，选择"两点线""单个""正交""点方式"，单击原点，画出一条长度自定的空间铅垂线作为旋转除料的轴线，结果如图4-113所示。

图4-111　创建草图

图4-112　圆的绘制

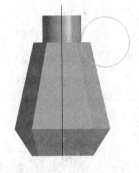

图4-113　轴线的绘制

19）单击特征生成栏中的"旋转除料" 图标，选择"单向旋转"方式，"角度"输入360，拾取草图和轴线，单击"确定"按钮，结果如图4-114所示。

图4-114　"旋转"对话框及设计结果

20）单击特征生成栏中的"抽壳" 图标，"厚度"输入2，在"需抽去的面"中选择小花瓶的上表面，单击"确定"按钮，结果如图4-115所示。

21）单击"过渡" 图标，输入半径1，拾取瓶口的两条棱线，单击"确定"按钮，

92

结果如图4-116所示。

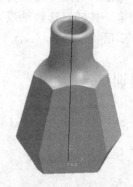

图4-115　"抽壳"对话框及设计结果　　　　　图4-116　圆角过渡

22）右击实体底部选择"创建草图"，如图4-117所示。单击"相关线" 图标，选择实体边界，单击瓶底的4条边，通过右键确认，生成如图4-118所示的图形。单击"等距线" 图标，"距离"输入1.5，拾取刚生成的4条相关线，选择向内箭头，结果如图4-119所示。

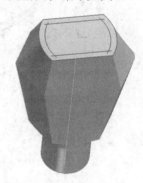

图4-117　创建草图　　　　图4-118　相关线　　　　图4-119　等距曲线

23）单击线面编辑栏中的"曲线裁剪" 图标，选择"快速裁剪""正常裁剪"，单击需要裁掉的曲线，单击右键确认。然后单击"删除" 图标删除多余线条，按F2键退出草图，获得如图4-120所示的图形。

24）单击特征生成栏中的"拉伸除料" 图标，选择"固定深度"方式，"深度"输入0.5，拉伸为"实体特征"，拾取刚绘制的图形，单击"确定"按钮，结果如图4-121所示。

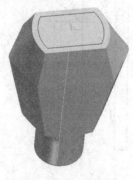

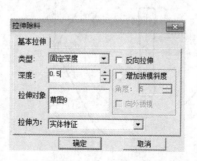

图4-120　曲线编辑　　　　　图4-121　"拉伸除料"对话框及设计结果

25）单击"过渡"图标，输入半径 0.5，拾取香水瓶的各棱线，单击"确定"按钮。选择轴线，单击右键，选择"隐藏"命令，结果如图 4-122 所示。

★拓展训练★

绘制如图 4-123 ～图 4-132 所示的实体。

图 4-122　圆角过渡

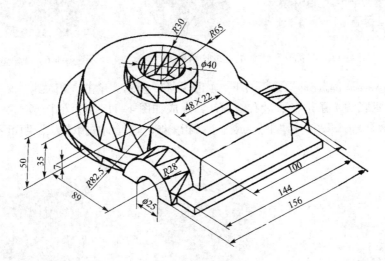

图 4-123　实体 1

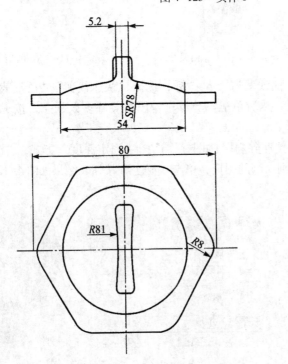

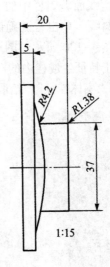

图 4-124　实体 2

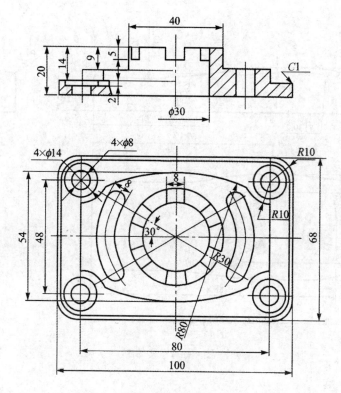

图 4-125　实体 3

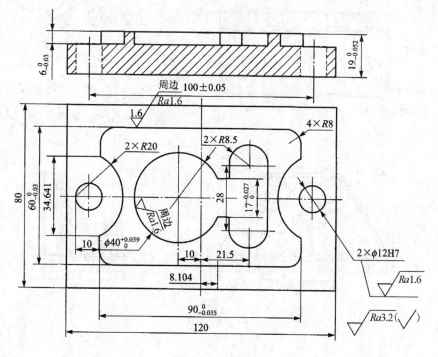

图 4-126　实体 4

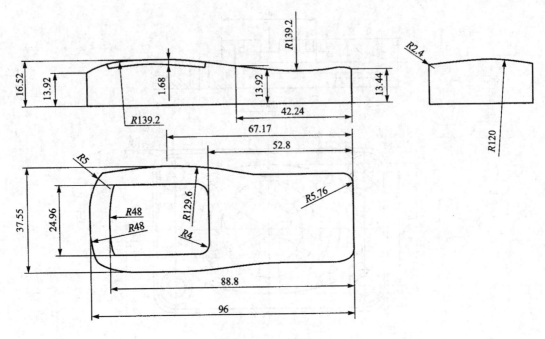

图 4-127　实体 5

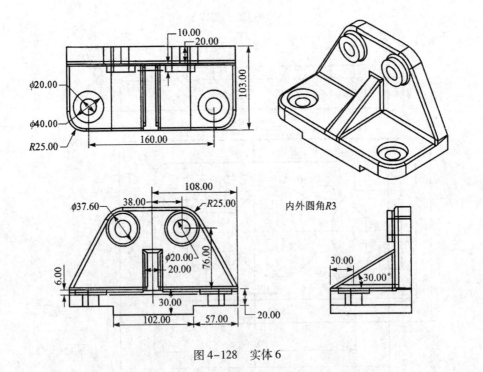

图 4-128　实体 6

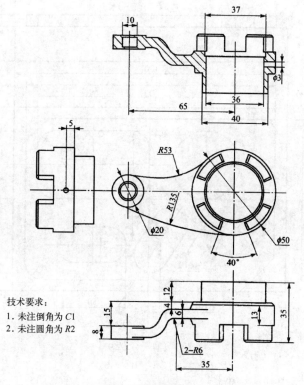

技术要求:
1. 未注倒角为 C1
2. 未注圆角为 R2

图 4-129　实体 7

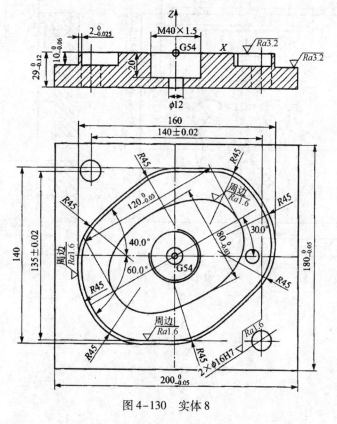

图 4-130　实体 8

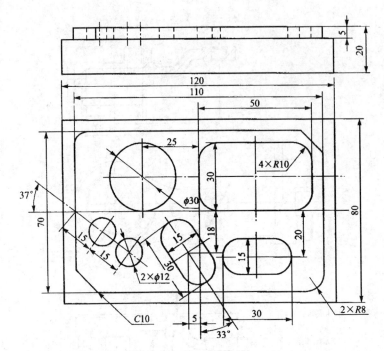

图 4-131　实体 9

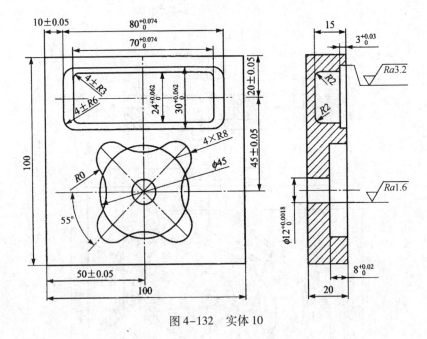

图 4-132　实体 10

项目5 零件加工

【学习目标】

- 了解 CAXA 制造工程师实现加工的步骤。
- 掌握粗加工、精加工、补加工及其他加工方法。
- 能够正确、合理地选择加工方法及设定加工参数。
- 能够熟练使用软件中的后置处理、程序生成、程序检验和校核等功能，从而编写各种实际零件加工所需的加工程序和工艺清单。

★知识链接★

CAXA 制造工程师为用户提供了功能齐全的加工命令，利用这些命令可以生成复杂零件的加工轨迹。本项目以丰富的实例介绍各种 CAM 加工命令以及典型零件的加工方法，具体加工命令见表 5-1。

表 5-1　加工命令

命　令	功　能	图　例	使用注意事项
平面轮廓精加工	生成沿轮廓线切削的平面刀具轨迹	轮廓线	◆ 两轴半加工方式 ◆ 平面轮廓线可以是封闭的，也可以不封闭 ◆ 主要用于加工外形
平面区域精加工	生成具有多个岛的平面区域的刀具轨迹	平面区域	◆ 两轴半加工方式 ◆ 主要用于加工型腔
参数线精加工	生成沿参数线方向的三轴刀具轨迹		◆ 指定加工方式和退刀方式时要保证刀具不会碰到机床、夹具 ◆ 在切削工件表面时，对可能干涉的表面要做干涉检查 ◆ 对不该切削的表面，要设置限制面，否则会产生过切
曲面轮廓精加工	生成沿轮廓线加工曲面的刀具轨迹	曲面轮廓	◆ 生成的刀具轨迹与刀次和行距都关联，当要加工轮廓内的全部曲面时，可以把刀次数设大一点 ◆ 轮廓线既可以是封闭的，也可以不封闭，还可以是空间的

命 令	功 能	图 例	使用注意事项
曲面区域精加工	生成待加工封闭曲面的刀具轨迹	 曲面区域	曲面轮廓线必须封闭
投影加工	将已有的刀具轨迹投影到待加工曲面生成曲面加工的刀具轨迹	投影曲面 原有的轨迹	◆ 在投影加工前必须已有加工轨迹 ◆ 待加工曲面可以拾取多个 ◆ 投影加工的加工参数可以与原有刀具轨迹的参数不同
曲线式铣槽加工	生成三维曲线刀具轨迹	空间曲线	用于空间沟槽的加工
轮廓导动精加工	生成轮廓线沿导动线运动的刀具轨迹	导动线 截面线	◆ 轮廓线既可以封闭，也可以不封闭；导动线必须开放 ◆ 导动线必须在轮廓线的法平面
等高线粗加工	生成按等高距离下降，大量去除毛坯材料的刀具轨迹		顶层高度是等高线刀具轨迹的最上层的高度值
等高线精加工	生成等高线粗加工未加工区域的刀具轨迹		用于陡面的精加工

命　令	功　能	图　例	使用注意事项
自动区域加工	自动生成曲面区域的刀具轨迹		实质是曲面区域精加工
知识加工	针对三维造型自动生成一系列的刀具轨迹		◆ 为用户提供整体加工思路，快速完成加工过程 ◆ 在使用前一般要针对已有机床进行知识加工库参数设置
钻孔	生成钻孔的刀具轨迹		◆ 钻孔方式的实现与机床有关 ◆ 系统中钻孔指令的格式只针对 FANUC 系统

学习准备 5.1　粗加工方法介绍

5.1.1　平面区域粗加工

单击加工生成栏中的"平面区域粗加工"圖图标，弹出"平面区域粗加工"对话框，如图 5-1 所示。

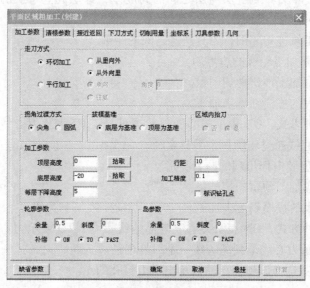

图 5-1　"平面区域粗加工"对话框

1. 加工参数

图 5-1 所示对话框中的加工参数用于设定平面区域粗加工的加工参数，生成平面区域粗加工轨迹。

1）走刀方式：分为环切加工和平行加工两种。

① 环切加工：刀具以环状走刀方式切削工件，可选择从里向外还是从外向里的方式。

② 平行加工：刀具以平行走刀方式切削工件，可改变生成的刀位行与 X 轴的夹角，还可选择单向还是往复方式。

● 单向：刀具以单一的顺铣或逆铣方式加工工件。

● 往复：刀具以顺逆混合方式加工工件。

2）拐角过渡方式：在切削过程中遇到拐角时的处理方式，有以下两种情况。

① 尖角：刀具从轮廓的一边到另一边的过程中，以两条边延长后相交的方式连接。

② 圆弧：刀具从轮廓的一边到另一边的过程中，以圆弧的方式过渡，过渡半径＝刀具半径＋余量。

3）拔模基准：当加工的工件带有拔模斜度时，工件底层轮廓与顶层轮廓的大小不一样。

① 底层为基准：加工中所选的轮廓是工件底层的轮廓。

② 顶层为基准：加工中所选的轮廓是工件顶层的轮廓。

4）区域内抬刀：在加工有岛屿的区域时，选择轨迹过岛屿时是否抬刀。选择"否"就是在岛屿处不抬刀；选择"是"就是在岛屿处直接抬刀连接。此项只对平行加工的单向有用。

5）加工参数：加工切削的具体坐标及切削量。

① 顶层高度：零件加工时起始高度的高度值，一般来说，也就是零件的最高点，即 Z 坐标最大值。

② 底层高度：零件加工时，所要加工到的深度，即 Z 坐标最小值。

③ 每层下降高度：刀具轨迹层与层之间的高度差，即层高。每层的高度从输入的顶层高度开始计算。

④ 行距：与加工轨迹相邻两行刀具轨迹之间的距离。

6）轮廓参数：要加工轮廓的边界。

① 余量：给轮廓加工预留的切削量。

② 斜度：以多大的拔模斜度来加工。

③ 补偿：有 3 种方式，ON 表示刀心线与轮廓重合；TO 表示刀心线未到轮廓一个刀具半径；PAST 表示刀心线超过轮廓一个刀具半径。

7）岛参数：在型腔内部出现的凸台类形状。

① 余量：给轮廓加工预留的切削量。

② 斜度：以多大的拔模斜度来加工。

③ 补偿：有 3 种方式，ON 表示刀心线与岛屿线重合；TO 表示刀心线超过岛屿线一个刀具半径；PAST 表示刀心线未到岛屿线一个刀具半径。

8）标识钻孔点：选择该项会自动显示出下刀打孔的点。

2. 清根参数

单击"清根参数"标签，进入如图 5-2 所示的平面区域粗加工的"清根参数"选项卡，该选项卡用于设定平面区域粗加工的清根参数。

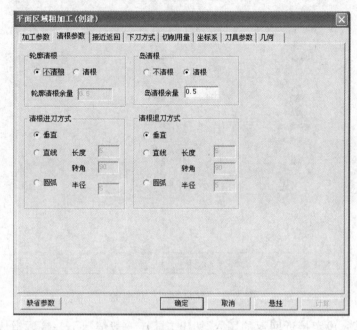

图 5-2 "清根参数"选项卡

1）轮廓清根：设定轮廓清根，在区域加工完之后，刀具对轮廓进行清根加工，相当于最后的精加工，对轮廓还可以设置清根余量。

① 不清根：不进行最后轮廓清根加工。

② 清根：进行轮廓清根加工，要设置相应的清根余量。

③ 轮廓清根余量：设定轮廓加工的预留量值。

2）岛清根：选择岛清根，在区域加工完之后，刀具对岛进行清根加工。

① 不清根：不进行岛清根加工。

② 清根：进行岛清根加工，要设置相应的清根余量。

③ 岛清根余量：设定岛清根加工的余量。

3）清根进刀方式：在做清根加工时，还可选择清根轨迹的进/退刀方式。

① 垂直：刀具在工件的第一个切削点处直接开始切削。

② 直线：刀具按给定长度以相切方式向工件的第一个切削点前进。

③ 圆弧：刀具按给定半径以 1/4 圆弧向工件的第一个切削点前进。

4）清根退刀方式。

① 垂直：刀具从工件的最后一个切削点直接退刀。

② 直线：刀具按给定长度以相切方式从工件的最后一个切削点退刀。

③ 圆弧：刀具从工件的最后一个切削点按给定半径以 1/4 圆弧退刀。

3. 接近返回

单击"接近返回"标签，进入如图 5-3 所示的平面区域粗加工的"接近返回"选项卡，该选项卡用于设定平面区域粗加工的接近返回方式。

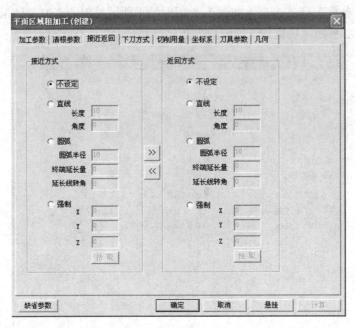

图5-3 "接近返回"选项卡

1）接近方式：设定接近回返的切入/切出方式。一般情况下，接近指从刀具起始点快速移动后以切入方式逼近切削点的那段切入轨迹，返回指从切削点以切出方式离开切削点的那段切出轨迹。

① 不设定：不设定接近返回的切入/切出。

② 直线：刀具按给定长度以直线方式向切削点平滑切入或从切削点平滑切出。长度指直线切入/切出的长度，角度不使用。

③ 圆弧：以 π/4 圆弧向切削点平滑切入或从切削点平滑切出。半径指圆弧切入、切出的半径，转角指圆弧的圆心角，延长量不使用。

④ 强制：强制从指定点直线切入到切削点或强制从切削点直线切出到指定点。X、Y、Z 用于指定点空间位置的三分量。

2）返回方式：内容同上。

4. 下刀方式

单击"下刀方式"标签，进入如图5-4所示的平面区域粗加工的"下刀方式"选项卡，该选项卡用于设定平面区域粗加工的下刀方式。

1）安全高度：刀具快速移动而不会与毛坯或模型发生干涉的高度，有"相对"和"绝对"两种模式，单击"相对"或"绝对"按钮可以实现二者的互换。

① 拾取：单击后可以从工作区中选择安全高度的绝对位置高度点。

② 相对：以切入、切出或切削开始、结束位置的刀位点为参考点。

③ 绝对：以当前加工坐标系的 XOY 平面为参考平面。

2）慢速下刀距离：在切入或切削开始前的一段刀位轨迹的位置长度，这段轨迹以慢速下刀速度垂直向下进给。它有"相对"和"绝对"两种模式，单击"相对"或"绝对"按

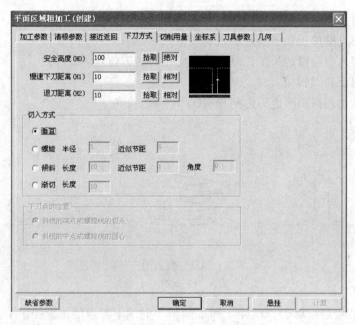

图 5-4 "下刀方式"选项卡

钮可以实现二者的互换，如图 5-5 所示。

① 拾取：单击后可以从工作区选择慢速下刀距离的绝对位置高度点。

② 相对：以切入或切削开始位置的刀位点为参考点。

③ 绝对：以当前加工坐标系的 XOY 平面为参考平面。

3）退刀距离：在切出或切削结束后的一段刀位轨迹的位置长度，这段轨迹以退刀速度垂直向上进给。它有"相对"和"绝对"两种模式，单击"相对"或"绝对"按钮可以实现二者的互换，如图 5-6 所示。

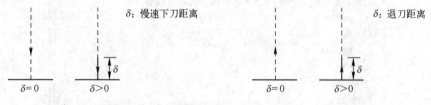

图 5-5 慢速下刀距离示意图　　　图 5-6 退刀距离示意图

① 拾取：单击后可以从工作区中选择退刀距离的绝对位置高度点。

② 相对：以切出或切削结束位置的刀位点为参考点。

③ 绝对：以当前加工坐标系的 XOY 平面为参考平面。

4）切入方式：此处提供了几种通用的切入方式，几乎适用于所有的铣削加工，其中的一些切削加工有其特殊的切入、切出方式（在切入、切出属性栏中可以设定）。

如果在切入、切出属性栏中设定了特殊的切入、切出方式，此处通用的切入方式将不会起作用。

① 垂直：刀具沿垂直方向切入，如图 5-7a 所示。

② 螺旋：刀具螺旋方式切入，如图 5-7b 所示。

③ 倾斜：刀具以与切削方向相反的倾斜线方向切入，如图5-7c所示。

④ 渐切：刀具沿加工切削轨迹切入。

⑤ 长度：切入轨迹段的长度，以切削开始位置的刀位点为参考点。

⑥ 节距：螺旋和倾斜切入时走刀的高度。

⑦ 角度：渐切和倾斜线走刀方向与XOY平面的夹角。

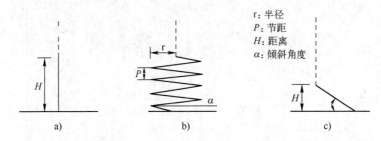

图5-7 垂直、螺旋、倾斜切入/切出示意图

a）垂直 b）螺旋 c）倾斜

5）下刀点的位置：对于"螺旋"和"倾斜"时的下刀点的位置提供了两种方式。

① 斜线的端点或螺旋线的切点：选择此项后，下刀点位置将在斜线的端点或螺旋线的切点处下刀。

② 斜线的中点或螺旋线的圆心：选择此项后，下刀点位置将在斜线的中点或螺旋线的圆心处下刀。

5. 切削用量

单击"切削用量"标签，进入如图5-8所示的平面区域粗加工的"切削用量"选项卡，该选项卡设定平面区域粗加工的切削用量。

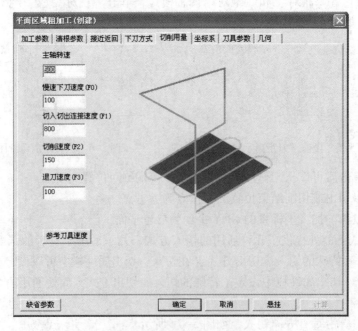

图5-8 "切削用量"选项卡

1）主轴转速：设定主轴转速的大小，单位为 r/min（转/分）。

2）慢速下刀速度：设定慢速下刀轨迹段的进给速度，单位为 mm/min。

3）切入切出连接速度：设定切入轨迹段、切出轨迹段、连接轨迹段、接近轨迹段，返回轨迹段的进给速度的大小，单位为 mm/min。

4）切削速度：设定切削轨迹段的进给速度的大小，单位为 mm/min。

5）退刀速度：设定退刀轨迹段的进给速度的大小，单位为 mm/min。

6. 刀具参数

单击"刀具参数"标签，进入如图 5-9 所示的平面区域粗加工的"刀具参数"选项卡，该选项卡设定平面区域粗加工的刀具参数，以生成平面区域粗加工轨迹。

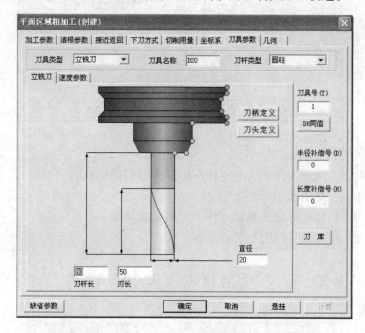

图 5-9 "刀具参数"选项卡

单击"刀库"按钮进入刀库，刀库中能存放用户定义的不同刀具，包括钻头、铣刀（球刀、牛鼻、端刀）等，用户可以方便地从刀库中取出所需的刀具。

① 增加刀具：用户可以在刀库中增加新定义的刀具。

② 编辑刀具：在选中某把刀具后，用户可以对这把刀具的参数进行编辑。

7. 坐标系

单击"坐标系"标签，进入如图 5-10 所示的平面区域粗加工的"坐标系"选项卡，该选项卡用于确定轨迹生成的坐标原点位置。

（1）加工坐标系

1）名称：刀路加工坐标系的名称。

2）拾取：用户可以在屏幕上拾取加工坐标系。

3）原点坐标：显示加工坐标系的原点值。

4）Z 轴矢量：显示加工坐标系的 Z 轴方向值。

（2）起始点

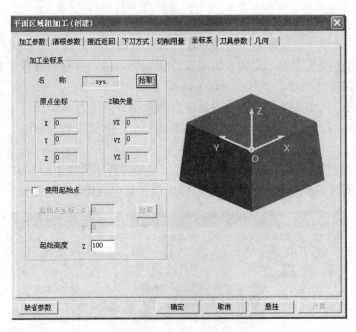

图 5-10 "坐标系"选项卡

1）使用起始点：决定刀路是否从起始点出发并回到起始点。

2）起始点坐标：显示起始点坐标信息。

3）拾取：用户可以在屏幕上拾取点作为刀路的起始点。

4）起始高度：生成轨迹的起始 Z 向坐标。

8. 几何

单击"几何"标签，进入如图 5-11 所示的平面区域粗加工的"几何"选项卡，用于确定要加工图素的边界或轮廓。

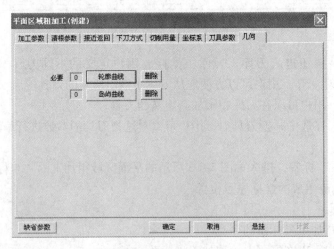

图 5-11 "几何"选项卡

1）轮廓曲线：加工图素的外轮廓边界。

2）岛屿曲线：加工图素的内轮廓边界。

5.1.2 等高线粗加工

单击加工工具栏中的"等高线粗加工"⚙图标，弹出"等高线粗加工"对话框，如图5-12所示。

1. 加工参数

（1）加工方向

加工方向设定有顺铣和逆铣两种选择。

（2）行进策略

行进策略设定有区域优先和层优先两种选择。

（3）层高和行距

1）层高：Z向每加工层的切削深度。

2）行距：输入XY方向的切入量。

3）插入层数：两层之间的插入轨迹。

4）拔模角度：加工轨迹会出现角度。

图5-12 "等高线粗加工"对话框

5）切削宽度自适应：内部自动计算切削宽度。

（4）余量和精度

1）加工精度：输入模型的加工精度，计算模型的加工轨迹的误差小于此值。加工精度越大，模型形状的误差越大，模型表面越粗糙；加工精度越小，模型形状的误差越小，模型表面越光滑，但是，轨迹段的数目增多，轨迹数据量会变大。加工精度的含义如图5-13a所示。

2）加工余量：输入相对加工区域的残余量，也可以输入负值。加工余量的含义如图5-13b所示。

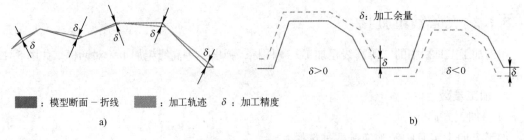

■ ：模型断面－折线　　■ ：加工轨迹　　δ：加工精度

a)　　　　　　　　　　　　　　　　　　b)

图 5-13　加工精度和加工余量

a）加工精度的定义　b）加工余量的定义

2. 区域参数

（1）加工边界

勾选"使用"可以拾取已有的边界曲线，如图 5-14 所示。

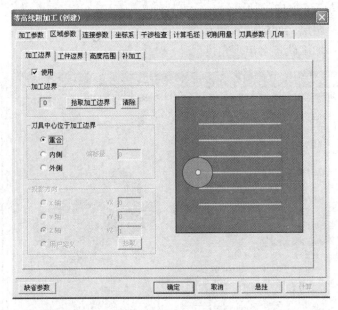

图 5-14　加工边界

"刀具中心位于加工边界"有重合、内侧、外侧 3 种方式。

1）重合：刀具位于边界上，如图 5-15 所示。

2）内侧：刀具位于边界的内侧，如图 5-16 所示。

3）外侧：刀具位于边界的外侧，如图 5-17 所示。

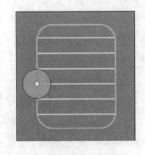　　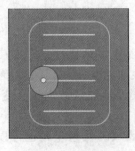　　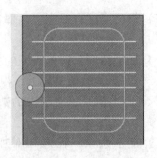

图 5-15　重合　　　　　　图 5-16　内侧　　　　　　图 5-17　外侧

（2）工件边界

勾选"使用"后以工件本身为边界，如图 5-18 所示。

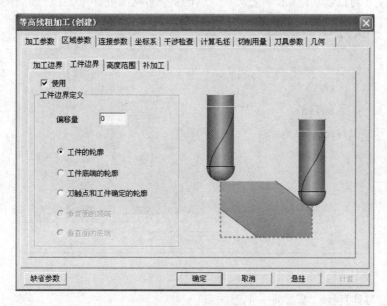

图 5-18　工件边界

"工件边界定义"可以使用偏移量进行调整。

1）工件的轮廓：刀心位于工件轮廓上。

2）工件底端的轮廓：刀尖位于工件底端轮廓。

3）刀触点和工件确定的轮廓：刀接触点位于轮廓上。

（3）高度范围

1）自动设定：以给定毛坯高度自动设定 Z 的范围，如图 5-19 所示。

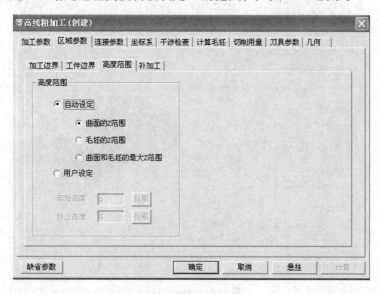

图 5-19　高度范围

2）用户设定：用户自定义 Z 的起始高度和终止高度。

（4）补加工

勾选"使用"可以自动计算前一把刀加工后的剩余量从而进行补加工，如图 5-20 所示。

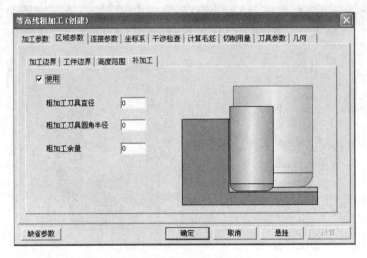

图 5-20　补加工

1）粗加工刀具直径：填写前一把刀的直径。

2）粗加工刀具圆角半径：填写前一把刀的刀角半径。

3）粗加工余量：填写粗加工的余量。

3. 连接参数

（1）连接方式

其主要设定行间、层间连接以及接近/返回等有关参数，如图 5-21 所示。

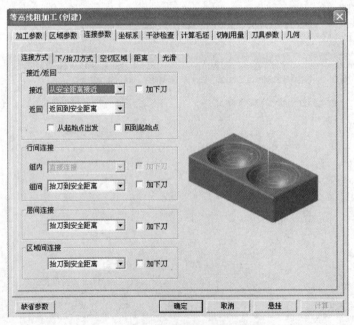

图 5-21　连接方式

1）接近/返回：从设定的高度接近工件和从工件返回到设定高度，勾选"加下刀"后可以加入所选定的下刀方式。

2）行间连接：每行轨迹间的连接，勾选"加下刀"后可以加入所选定的下刀方式。

3）层间连接：每层轨迹间的连接，勾选"加下刀"后可以加入所选定的下刀方式。

4）区域间连接：两个区域间的轨迹连接，勾选"加下刀"后可以加入所选定的下刀方式。

（2）下/抬刀方式

其主要设定下刀及抬刀的方式，如图 5-22 所示。

图 5-22　下/抬刀方式

1）中心可切削刀具：可选择自动、直线、螺旋、往复、沿轮廓 5 种下刀方式。

2）预钻孔点：标识需要钻孔的点。

（3）空切区域

其主要设定安全平面、光滑连接以及法向平面等参数，如图 5-23 所示。

1）安全高度：刀具快速移动而不会与毛坯或模型发生干涉的高度。

2）平面法矢量平行于：目前软件只支持主轴方向。

3）平面法矢量：目前软件只支持 z 轴正向。

4）圆弧光滑连接：抬取后加入圆角半径。

5）保持刀轴方向直到距离：保持刀轴的方向达到所设定的距离。

（4）距离

其主要设定安全距离及进刀和退刀的距离，如图 5-24 所示。

1）快速移动距离：在切入或切削开始前的一段刀位轨迹的位置长度，这段轨迹以快速移动方式进给。

2）慢速移动距离：在切入或切削开始前的一段刀位轨迹的位置长度，这段轨迹以慢速下刀速度进给。

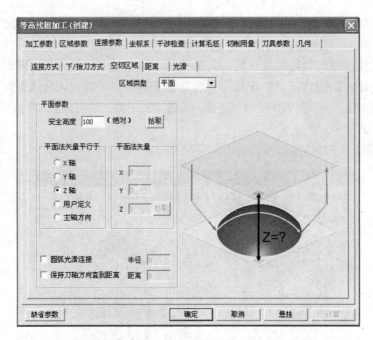

图 5-23　空切区域

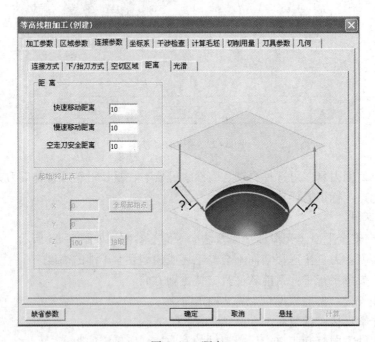

图 5-24　距离

3）空走刀安全距离：距离工件的高度距离。

（5）光滑

其主要设定拐角处的光滑连接的有关参数，如图 5-25 所示。

1）光滑设置：将拐角或轮廓进行光滑处理。

2）删除微小面积：删除面积大于刀具直径百分比面积的曲面的轨迹。

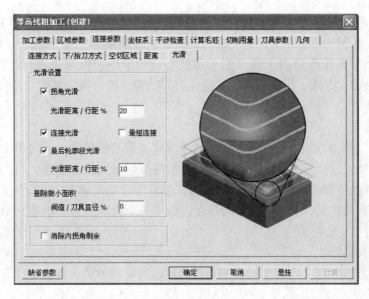

图 5-25　光滑

3）消除内拐角剩余：删除在拐角部的剩余余量。

学习准备 5.2　常用精加工方法介绍

5.2.1　平面轮廓精加工

在菜单栏中选择"加工"→"常用加工"→"平面轮廓精加工"命令，或用鼠标左键单击加工工具栏中的"平面轮廓精加工"　图标，弹出如图 5-26 所示的对话框。

图 5-26　"平面轮廓精加工"对话框

"平面轮廓精加工"对话框中包括加工参数、接近返回、下刀方式、切削用量、坐标系、刀具参数、几何7个选项卡，其中接近返回、下刀方式、切削用量、刀具参数、几何在前面已经介绍。平面轮廓精加工的"加工参数"选项卡中包括加工参数、拐角过渡方式、走刀方式、行距定义方式、拔模基准、层间走刀等内容，每一项中又有其各自的参数，各种参数的含义如下。

(1) 走刀方式

"走刀方式"指刀具轨迹行与行之间的连接方式，本系统提供了单向和往复两种方式。

1) 单向：抬刀连接，刀具加工到一行刀位的终点后抬到安全高度，再沿直线快速走刀到下一行首点所在位置的安全高度，垂直进刀，然后沿着相同的方向进行加工。

2) 往复：直线连接，与单向不同的是在进给完一个行距后刀具沿着相反的方向进行加工，行间不抬刀。

(2) 拐角过渡方式

"拐角过渡方式"就是在切削过程中遇到拐角时的处理方式，本系统提供了尖角和圆弧两种过渡方式。

1) 尖角：刀具在从轮廓的一边到另一边的过程中，以两条边延长后相交的方式连接。

2) 圆弧：刀具在从轮廓的一边到另一边的过程中，以圆弧的方式过渡，过渡半径 = 刀具半径 + 余量。

(3) 加工参数

加工参数包括一些参考平面的高度参数（高度指 Z 向的坐标值），当需要进行一定的锥度加工时，还需要给定拔模斜度和每层下降高度。

1) 顶层高度：被加工工件的最高高度，在切削第一层时，下降一个每层下降高度。

2) 底层高度：加工的最后一层所在的高度。

3) 每层下降高度：每层之间的间隔高度。

4) 拔模斜度：加工完成后，轮廓所具有的倾斜度。

5) 刀次：生成的刀位的行数。

(4) 行距定义方式

确定加工刀次后，刀具加工的行距可用两种方式确定。

1) 行距方式：确定最后加工完工件的余量及每次加工之间的行距，也可以叫等行距加工。

2) 余量方式：定义每次加工完所留的余量，也可以叫不等行距加工。余量的次数在"刀次"中定义，最多可定义 10 次加工的余量。

3) 行距：每一行刀位之间的距离。

4) 加工余量：给轮廓留出的预留量。

(5) 拔模基准

当加工的工件带有拔模斜度时，工件顶层轮廓与底层轮廓的大小不一样。在用"平面轮廓"功能生成加工轨迹时只需画出工件顶层或底层的一个轮廓形状，无须画出两个轮廓。"拔模基准"用来确定轮廓是工件的顶层轮廓还是底层轮廓。

1) 底层为基准：加工中所选的轮廓是工件底层的轮廓。

2) 顶层为基准：加工中所选的轮廓是工件顶层的轮廓。

（6）偏移类型

1）ON：刀心线与轮廓重合。

2）TO：刀心线未到轮廓一个刀具半径。

3）PAST：刀心线超过轮廓一个刀具半径。

注意：补偿是左偏还是右偏取决于加工的是内轮廓还是外轮廓。

（7）其他选项——添加刀具补偿代码（G41/G42）

选择该项机床会自动偏置刀具半径，那么在输出的代码中会自动加上 G41/G42（左偏/右偏）、G40（取消补偿），在输出代码中是自动加 G41 还是如 G42 与拾取轮廓时的方向有关系。

5.2.2　轮廓导动精加工

平面轮廓法平面内的截面线沿平面轮廓线导动生成加工轨迹，也可以理解为平面轮廓的等截面导动加工。

在菜单栏中选择"加工"→"常用加工"→"轮廓导动精加工"命令，弹出如图 5-27 所示的"轮廓导动精加工"对话框，该对话框包括加工参数、接近返回、下刀方式、切削用量、坐标系、刀具参数、几何 7 个选项卡，其中接近返回、下刀方式、切削用量、坐标系刀具参数、几何在前面已经介绍。

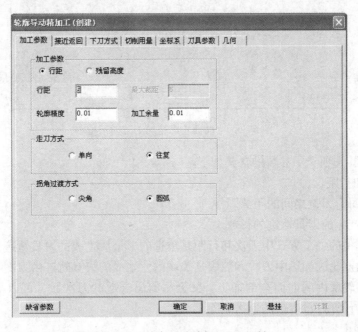

图 5-27　"轮廓导动精加工"对话框

"加工参数"选项卡中的参数的含义如下。

1）轮廓精度：拾取的轮廓有样条时的离散精度。

2）最大截距：沿截面线上每一行刀具轨迹间的距离，按等弧长来分布。

加工余量、走刀方式、拐角过渡方式在前面已经介绍过，这里不再赘述。

5.2.3　曲面轮廓精加工

曲面轮廓精加工生成沿一个轮廓线加工曲面的刀具轨迹。

在菜单栏中选择"加工"→"常用加工"→"曲面轮廓精加工"命令，弹出如图 5-28 所示的"曲面轮廓精加工"对话框，该对话框包括加工参数、接近返回、切削用量、坐标系、刀具参数、几何 6 个选项卡，其中接近返回、切削用量、坐标系、刀具参数、几何在前面已经介绍。

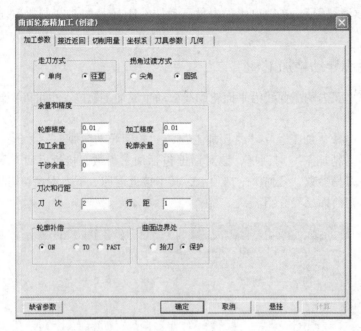

图 5-28　"曲面轮廓精加工"对话框

"加工参数"选项卡中参数的含义如下。

（1）刀次和行距

1）行距：每行刀位之间的距离。

2）刀次：产生的刀具轨迹的行数。

注意：在其他的加工方式中刀次和行距是单选的，最后生成的刀具轨迹只使用其中的一个参数，而在曲面轮廓加工中刀次和轮廓是关联的，生成的刀具轨迹由刀次和行距两个参数决定，如果想将轮廓内的曲面全部加工，又无法给出合适的刀次数，可以给一个大的刀次数，系统会自动计算并将多余的刀次删除。

（2）轮廓精度

轮廓精度指拾取的轮廓有样条时的离散精度。

（3）轮廓补偿

1）ON：刀心线与轮廓重合。

2）TO：刀心线未到轮廓一个刀具半径。

3）PAST：刀心线超过轮廓一个刀具半径。

5.2.4 曲面区域精加工

曲面区域精加工生成加工曲面上的封闭区域的刀具轨迹。

在菜单栏中选择"加工"→"常用加工"→"曲面区域精加工"命令，弹出如图5-29所示的"曲面区域精加工"对话框，该对话框包括加工参数、接近返回、下刀方式、切削用量、坐标系、刀具参数、几何7个选项卡，其中接近返回、下刀方式、切削用量、坐标系、刀具参数、几何在前面已经介绍。

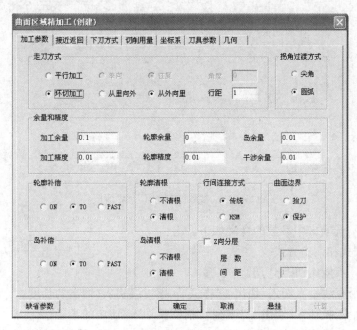

图5-29 "曲面区域精加工"对话框

"加工参数"选项卡中参数的含义如下。

（1）走刀方式

1）平行加工：输入与X轴的夹角。

2）环切加工：选择从里向外还是从外向里。

（2）余量和精度

1）加工余量：对加工曲面的预留量，可正可负。

2）干涉余量：对干涉曲面的预留量，可正可负。

3）轮廓精度：拾取的轮廓有样条时的离散精度。

5.2.5 参数线精加工

参数线精加工生成沿参数线加工轨迹。

在菜单栏中选择"加工"→"常用加工"→"参数线精加工"命令，弹出如图5-30所示的"参数线精加工"对话框，该对话框包括加工参数、接近返回、下刀方式、切削用量、坐标系、刀具参数、几何7个选项卡，其中接近返回、下刀方式、切削用量、坐标系、刀具参数、几何在前面已经介绍。

图 5-30 "参数线精加工"对话框

"加工参数"选项卡中参数的含义如下。

（1）切入方式和切出方式

1）不设定：不使用切入/切出。

2）直线：沿直线垂直切入/切出。"长度"指直线切入/切出的长度。

3）圆弧：沿圆弧切入/切出。"半径"指圆弧切入/切出的半径。

4）矢量：沿矢量指定的方向和长度切入/切出。x、y、z 是矢量的 3 个分量。

5）强制：强制从指定点直线水平切入到切削点，或强制从切削点直线水平切出到指定点。x 和 y 指与切削点相同高度的指定点的水平位置分量。

具体切入/切出选项轨迹如图 5-31 所示。

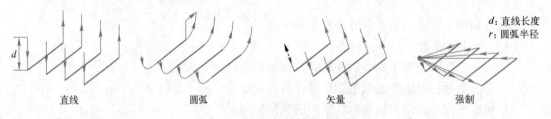

d：直线长度
r：圆弧半径

　　直线　　　　　　　圆弧　　　　　　　矢量　　　　　　　强制

图 5-31　切入/切出轨迹示意图

（2）行距定义方式

1）残留高度：切削行间残留量距加工曲面的最大距离。

2）刀次：切削行的数目。

3）行距：相邻切削行的间隔。

（3）遇干涉面

1）抬刀：通过抬刀快速移动，下刀完成相邻切削行间的连接。

2）投影：在需要连接的相邻切削行间生成切削轨迹，通过切削移动完成连接。

（4）限制曲面

限制加工曲面范围的边界面，其作用类似于加工边界，通过定义第一和第二系列限制曲面可以将加工轨迹限制在一定的加工区域内。

1）第一系列限制曲面：定义是否使用第一系列限制曲面。

① 无：不使用第一系列限制曲面。

② 有：使用第一系列限制曲面。

2）第二系列限制曲面：定义是否使用第二系列限制曲面。

① 无：不使用第二系列限制曲面。

② 有：使用第二系列限制曲面。

（5）走刀方式

1）往复：生成往复的加工轨迹。

2）单向：生成单向的加工轨迹。

（6）干涉检查

定义是否使用干涉检查，防止过切。

1）否：不使用干涉检查。

2）是：使用干涉检查。

（7）余量和精度

1）加工精度：输入模型的加工精度，计算模型的轨迹的误差小于此值。加工精度越大，模型形状的误差越大，模型表面越粗糙；加工精度越小，模型形状的误差越小，模型表面越光滑，但是轨迹段的数目增多，轨迹数据量变大。

2）加工余量：相对模型表面的残留高度，可以为负值，但不要超过刀角半径。

3）干涉（限制）余量：处理干涉面或限制曲面时采用的加工余量。

5.2.6 投影线精加工

投影线精加工将已有的刀具轨迹投影到曲面上生成刀具轨迹。

在菜单栏中选择"加工"→"常用加工"→"投影线精加工"命令，弹出如图 5-32 所示的"投影线精加工"对话框，该对话框中的参数在前面都已经介绍。

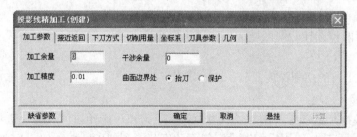

图 5-32 "投影线精加工"对话框

注意：

1）拾取刀具轨迹：一次只能拾取一个刀具轨迹，拾取的轨迹可以是 2D 轨迹，也可以是3D轨迹。

2）拾取加工面：允许拾取多个曲面。

3）拾取干涉曲面：干涉曲面允许有多个，也可以不拾取，单击右键中断拾取。

5.2.7 等高线精加工

等高线精加工生成等高线加工轨迹。

在菜单栏中选择"加工"→"常用加工"→"等高线精加工"命令，弹出如图5-33
所示的"等高线精加工"对话框。在前面我们已经讲了等高线粗加工，下面只介绍前面没
有讲的选项。

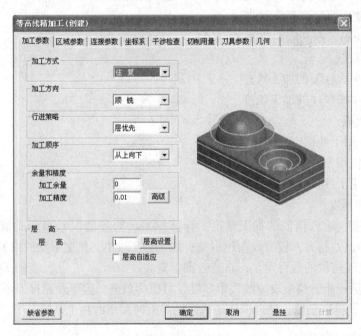

图5-33 "等高线精加工"对话框

1. 加工参数

（1）加工方向

加工方向设定有顺铣和逆铣两种选择。

（2）行进策略

行进策略有两种选择，即区域优先和层优先。

（3）层高

Z向每个加工层的切削深度。

2. 区域参数

在"区域参数"选项卡中增加了坡度范围、下刀点、圆角过渡及分层选项。

1）坡度范围：选择使用后能够设定斜面角度范围和加工区域，如图5-34所示。

① 斜面角度范围：在斜面的起始和终止角度内填写数值来完成坡度的设定。

② 加工区域：选择所要加工的部位是在加工角度以内还是在加工角度以外。

2）下刀点：选择使用后能够拾取开始点和在后续层开始点选择的方式，如图5-35

所示。

① 开始点：加工时加工的起始点。

② 在后续层开始点选择的方式：在移动给定的距离后的点下刀。

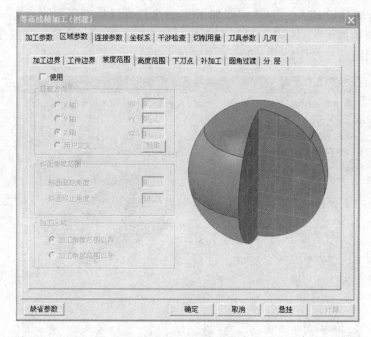

图 5-34　坡度范围

图 5-35　下刀点

5.2.8 扫描线精加工

扫描线精加工生成参数线加工轨迹。

在菜单栏中选择"加工"→"常用加工"→"扫描线精加工"命令，弹出如图 5-36 所示的"扫描线精加工"对话框，该对话框包括加工参数、区域参数、连接参数、坐标系、干涉检查、切削用量、刀具参数、几何 8 个选项卡。

图 5-36 "扫描线精加工"对话框

"加工参数"选项卡中参数的含义如下。

（1）加工方式

1）单向：生成单向的轨迹。

2）往复：生成往复的轨迹。

3）向上：生成向上的扫描线精加工轨迹。

4）向下：生成向下的扫描线精加工轨迹。

（2）加工开始角位置

设定在加工开始时从哪个角开始加工。

（3）加工方向

1）顺铣：生成顺铣的轨迹。

2）逆铣：生成逆铣的轨迹。

（4）其他

1）裁剪刀刃长度：裁剪小于刀具直径百分比的轨迹。

2）自适应：内部自动计算适应的行距。

5.2.9 平面精加工

平面精加工在平坦部生成平面精加工轨迹。

在菜单栏中选择"加工"→"常用加工"→"平面精加工"命令，弹出如图 5-37 所示的"平面精加工"对话框，由于所有选项卡在前面都讲过了，含义和使用方法一样，在这里就不重复了。

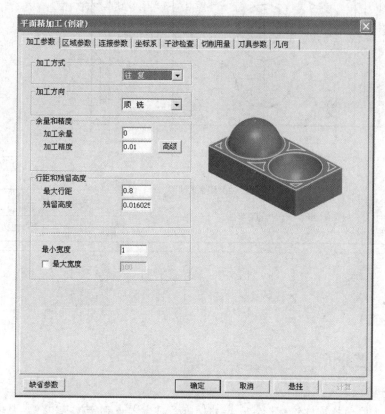

图 5-37 "平面精加工"对话框

任务 5.3 端盖零件的加工

【任务描述】

完成如图 5-38 所示的端盖零件的实体造型和加工。

【任务分析】

由图 5-38 可知，要加工的端盖零件材料为 45 钢，毛坯尺寸为 200 mm × 200 mm × 20 mm，在加工技术文件上要考虑精度和效率两个主要方面。理论的加工工艺必须符合图样要求，同时又能充分、合理地发挥机床的性能。

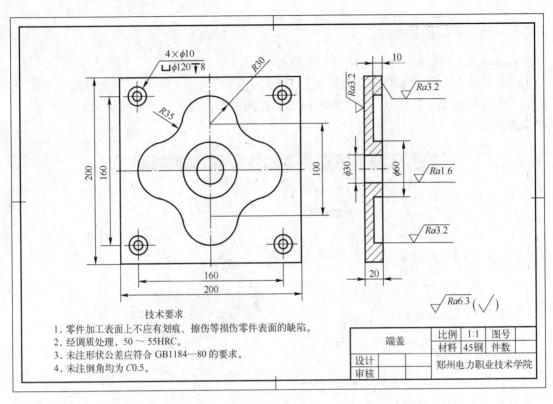

技术要求

1. 零件加工表面上不应有划痕、擦伤等损伤零件表面的缺陷。
2. 经调质处理, 50 ~ 55HRC。
3. 未注形状公差应符合 GB1184—80 的要求。
4. 未注倒角均为 C0.5。

端盖		比例	1:1	图号	
		材料	45钢	件数	
设计					
审核		郑州电力职业技术学院			

图 5-38　端盖零件图

【任务实施】

5.3.1　工艺分析

1. 图样分析

图样分析主要包括零件轮廓形状、尺寸精度、技术要求和定位基准等。从零件图可以看出, 加工表面包括型腔、$\phi60$ 凸台、$\phi30$ 孔、$4 \times \phi10$ 通孔、$4 \times \phi20$ 深度为 8 的孔。图中尺寸精度和表面粗糙度要求较高的是 $\phi30$ 孔和型腔表面, 对于这几项大家在加工过程中应重点保证。

2. 定位基准的选择

在选择定位基准时, 要全面考虑各个工件的加工情况, 保证工件定位准确、装卸方便, 能迅速完成工件的定位和夹紧, 保证各项加工的精度, 应尽量选择工件上的设计基准作为定位基准。根据以上原则和图样分析, 首先以底面为基准加工型腔和 $\phi60$ 凸台, 然后依次加工 $\phi30$ 孔和 $\phi10$ 的沉头孔。以底面定位, 一次装夹, 将所有表面和轮廓全部加工完成, 保证零件的尺寸精度和位置精度要求。

3. 工件的装夹

零件毛坯为长方体, 加工表面包括型腔、$\phi60$ 凸台、$\phi30$ 孔、$4 \times \phi10$、$4 \times \phi20$ 孔, 采用平口虎钳装夹。

4. 确定编程坐标系和对刀位置

根据工艺分析，工件坐标系编程原点设在 $\phi30$ 孔上表面的中心。在编程原点确定后，对刀位置与工件坐标系编程原点重合，对刀方法可根据机床选择，选用手动对刀。

5. 确定加工所用的各种工艺参数

切削条件的好坏直接影响加工的效率和经济性，这主要取决于编程人员的经验，工件的材料及性质，刀具的材料及形状，机床、刀具、工件的刚性，加工精度、表面质量要求，冷却系统等，具体参数见表 5-2 和表 5-3。

表 5-2　刀具参数表

序　号	刀具名称	规　格	用　途	刀具材料
1	立铣刀	$\phi20$	铣削型腔、$\phi60$ 凸台、$\phi30$ 孔	硬质合金
2	钻头	$\phi10$	钻孔	高速钢
3	锪孔钻	$\phi20$	锪孔	高速钢

表 5-3　端盖零件加工参数表

工　步	加工内容	刀具编号	刀具名称	规格	主轴速度 /(r/min)	进给速度 /(mm/min)	切削深度 /mm	加工余量 /mm
1	粗铣型腔	T01	立铣刀	$\phi20$	500	150	10	10
2	粗铣 $\phi30$ 孔	T01	立铣刀	$\phi20$	500	150	10	15
3	钻孔	T02	钻头	$\phi10$	600	150	5	5
4	锪孔	T03	锪孔钻头	$\phi20$	500	150	5	5
5	精铣型腔	T01	立铣刀	$\phi20$	1000	100	1	1
6	精铣 $\phi30$ 孔	T01	立铣刀	$\phi20$	1000	110	1	1

5.3.2 零件造型

由端盖零件图可知，端盖的形状主要由圆弧和直线组成，因此在构造实体模型时使用拉伸增料生成实体特征，然后绘制型腔和孔的草图，利用除料拉伸生成各个表面，重点是绘制封闭草图，增料和除料拉伸，最后利用相关线生成加工边界。

1. 绘制端盖

1）单击状态树中的"平面 XY"，确定绘制草图的基准面。在屏幕绘图区中显示一个虚线框，表明该平面被拾取到。单击"绘制草图" ∅图标，进入绘制草图状态。

2）单击"矩形"图标，在立即菜单中选择"中心_长_宽"方式，输入长度为 200 mm、宽度为 200 mm，如图 5-39 所示，按回车键确定。在绘图区中选择矩形中心，单击原点确定，通过右键结束绘图命令，生成的矩形如图 5-40 所示，然后按 F2 键退出草图。

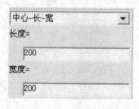

图 5-39　矩形立即菜单

图 5-40　矩形

3）单击"拉伸增料" 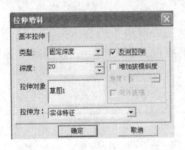 图标，弹出"拉伸增料"对话框，如图5-41所示，在"深度"中输入20 mm，拉伸方向选择反向拉伸（因为编程原点在上表面），然后单击"确定"按钮，按F8键，切换到轴测方式，生成的实体如图5-42所示。

图5-41 "拉伸增料"对话框

图5-42 拉伸增料

2. 绘制型腔

1）单击上表面，选择端盖上表面，确定绘制草图的基准面。然后单击"绘制草图"图标，进入绘制草图状态。

2）按F5键，切换到俯视图方式，单击"整圆" 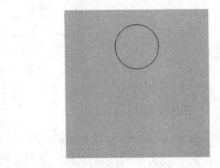 图标，弹出整圆立即菜单，选择"圆心_半径"方式，如图5-43所示，按回车键输入圆心坐标"0，50"，再按回车键输入半径30 mm，然后按回车键确定，单击右键确认，结果如图5-44所示。

图5-43 整圆立即菜单

图5-44 绘制圆

3）单击"阵列"图标，弹出阵列立即菜单，选择"圆形""均布"，输入份数4，如图5-45所示。选择R30圆，单击右键确认，然后单击原点作为阵列中心，通过右键结束命令，结果如图5-46所示。

图5-45 阵列立即菜单

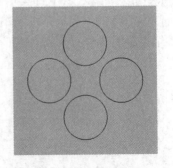

图5-46 阵列结果

4）单击"整圆"  图标，弹出整圆立即菜单，选择"两点_半径"方式。按空格键，弹出工具点菜单，选择"切点"，如图 5-47 所示。单击选择相邻 R30 圆，按回车键输入半径 35 mm，然后按回车键确定，通过右键结束绘圆命令，结果如图 5-48 所示。

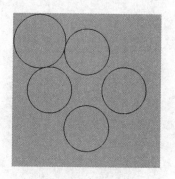

图 5-47　工具点菜单　　　　　图 5-48　绘制圆

5）单击"阵列" 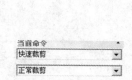 图标，弹出阵列立即，选择"圆形""均布"，份数输入 4，如图 5-49 所示。单击选择 R35 圆，然后单击右键确定阵列对象，单击原点作为阵列中心，通过右键结束命令，结果如图 5-50 所示。

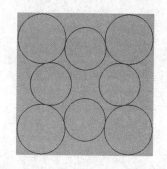

图 5-49　阵列立即菜单　　　　　图 5-50　阵列结果

6）单击"曲线裁剪" 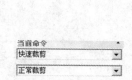 图标，弹出曲线裁剪立即菜单，选择"快速裁剪""正常裁剪"方式，如图 5-51 所示，裁剪多余圆弧，结果如图 5-52 所示。

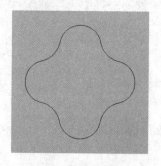

图 5-51　曲线裁剪立即菜单　　　　　图 5-52　裁剪结果

7）单击"整圆"  图标，弹出整圆立即菜单，选择"圆心_半径"方式，如图 5-53 所示，然后单击原点，按回车键，输入半径 30 mm，再按回车键确定，单击右键确认，结果

如图 5-54 所示。

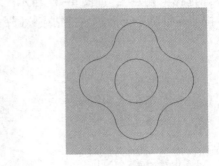

图 5-53 整圆立即菜单　　　　　　图 5-54 绘制圆

8）单击"拉伸除料" 图标，弹出"拉伸除料"对话框，如图 5-55 所示，在"深度"中输入 10 mm，拉伸方向取消反向拉伸，然后单击"确定"按钮，按 F8 键，切换到轴测方式，结果如图 5-56 所示。

图 5-55 "拉伸除料对话框　　　　　图 5-56 拉伸除料结果

3. 绘制 φ30 孔

1）单击凸台上表面，确定绘制草图的基准面，然后右击选择"创建草图"命令。

2）单击"整圆" 图标，弹出整圆立即菜单，选择"圆心_半径"方式，如图 5-57 所示，然后单击原点，按回车键输入半径 15 mm，再按回车键确定，单击右键确认，结果如图 5-58 所示。

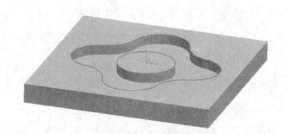

图 5-57 整圆立即菜单　　　　　　图 5-58 绘制圆

3）单击"拉伸除料" 图标，弹出"拉伸除料"对话框，如图 5-59 所示，在"深度"中输入 20 mm，然后单击"确定"按钮，结果如图 5-60 所示。

图 5-59 "拉伸除料对话框

图 5-60 拉伸除料结果

4. 绘制 φ10 孔

1）单击端盖上表面，确定绘制草图的基准面，然后单击"绘制草图" ✐图标，进入绘制草图状态。

2）单击"整圆" ⊕图标，弹出整圆立即菜单，选择"圆心_半径"方式，如图 5-61 所示，然后按回车键输入圆心坐标"80,80"，按回车键输入半径 5 mm，再按回车键确定，单击右键确认，结果如图 5-62 所示。

图 5-62 绘制圆

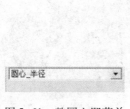

图 5-61 整圆立即菜单

3）单击"阵列" ▦图标，弹出阵列立即菜单，选择"矩形"，行数输入 2、行距输入 −160、列数输入 2、列距输入 −160、角度输入 0，如图 5-63 所示。选择 R5 圆，单击右键确认，结果如图 5-64 所示。

图 5-63 阵列立即菜单

图 5-64 阵列结果

4）单击"拉伸除料" ▣图标，弹出"拉伸除料"对话框，如图 5-65 所示，在"深度"中输入 20 mm，然后单击"确定"按钮，结果如图 5-66 所示。

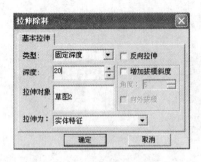

图 5-65 "拉伸除料对话框

图 5-66 拉伸除料结果

5. 绘制 φ20 孔

1）单击端盖上表面，确定绘制草图的基准面，然后单击"绘制草图" ✐图标，进入绘制草图状态。

2）单击"整圆" ⊕图标，弹出整圆立即菜单，选择"圆心_半径"方式，如图 5-67所示，然后按回车键输入圆心坐标"80,80"，按回车键输入半径 10 mm，再按回车键确定，单击右键确认，结果如图 5-68 所示。

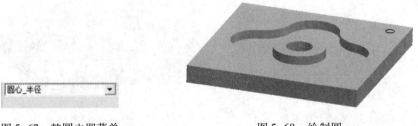

图 5-67 整圆立即菜单

图 5-68 绘制圆

3）单击"阵列" ⊞图标，弹出阵列立即菜单，选择"矩形"，行数输入 2、行距输入－160、列数输入 2、列距输入－160、角度输入 0，如图 5-69 所示。选择 R10 圆，单击右键确认，结果如图 5-70 所示。

4）单击"拉伸除料" ▣图标，弹出"拉伸除料"对话框，如图 5-71 所示，在"深度"中输入 8 mm，然后单击"确定"按钮，结果如图 5-72 所示。

图 5-69 阵列立即菜单

图 5-70 阵列结果

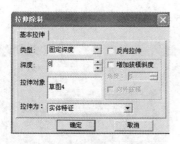

图 5-71 "拉伸除料"对话框

图 5-72 拉伸除料结果

5.3.3 加工设置

1. 设定加工刀具

1）在特征树的轨迹管理栏中双击刀具库，弹出"刀具库"对话框，如图 5-73 所示。

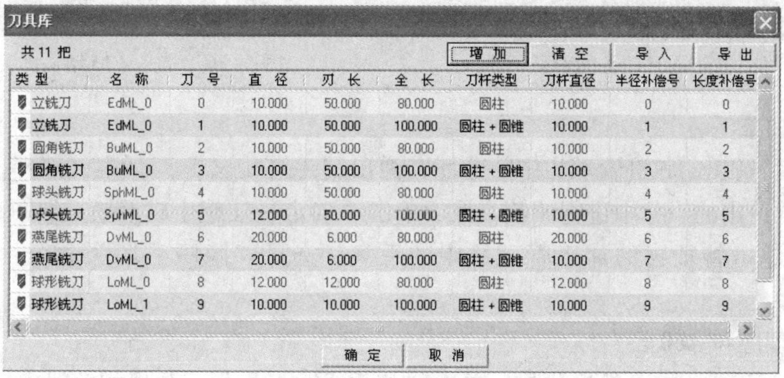

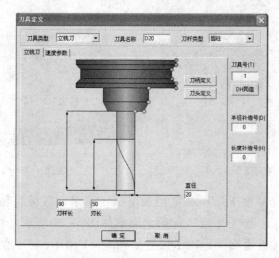

图 5-73 "刀具库"对话框

2）单击"增加"按钮，在对话框中输入铣刀名称 D20，增加一个区域式加工需要的铣刀，设定增加的铣刀的参数。在"刀具库"对话框中输入准确的数值，其中的刃长和刀杆长与仿真有关，而与实际加工无关。其他定义需要根据实际加工刀具来完成，如图 5-74 所示。

图 5-74 定义 $\phi20$ 立铣刀的对话框

3）同理增加 $\phi10$ 和 $\phi20$ 的钻头，如图5-75和图5-76所示。

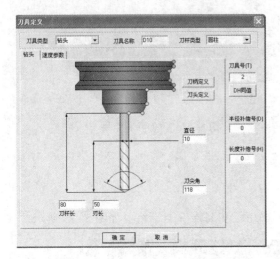

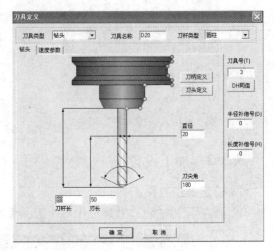

图5-75　定义 $\phi10$ 钻头的对话框　　　　图5-76　定义 $\phi20$ 钻头的对话框

2. 设定加工毛坯

1）双击特征树的轨迹管理栏中的毛坯，弹出"毛坯定义"对话框，选择"参照模型"方式，在系统给出的尺寸中进行调整，然后单击"确定"按钮生成毛坯，如图5-77所示。

2）右键单击特征树的加工管理栏中的毛坯，选择"隐藏毛坯"命令，可以将毛坯隐藏。

3. 粗铣型腔和 $\phi60$ 凸台

1）确定区域式加工的轮廓边界。单击"相关线" 图标，弹出相关线立即菜单，选择"实体边界"方式，拾取型腔边界、$\phi60$ 凸台边界、$\phi30$ 孔边界，生成3条曲线，作为加工边界，如图5-78所示。

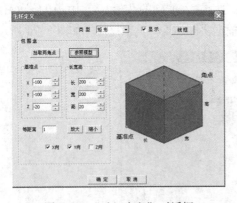

图5-77　"毛坯定义"对话框

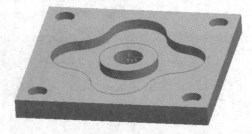

图5-78　相关线

2）在菜单栏中选择"加工"→"常用加工"→"平面区域粗加工"命令，弹出"平面区域粗加工"对话框，"加工参数"选项卡设置如图5-79所示，"清根参数"选项卡设置如图5-80所示，"接近返回"选项卡设置如图5-81所示，"切削用量"选项卡设置如图5-82所示。

图 5-79 "加工参数"选项卡设置　　　　图 5-80 "清根参数"选项卡设置

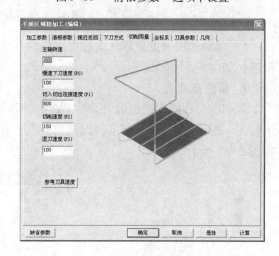

图 5-81 "接近返回"选项卡设置　　　　图 5-82 "切削用量"选项卡设置

3）在"刀具参数"选项卡中单击"刀库"按钮，选择增加的刀具号为 1 的 D20 立铣刀，如图 5-83 所示。

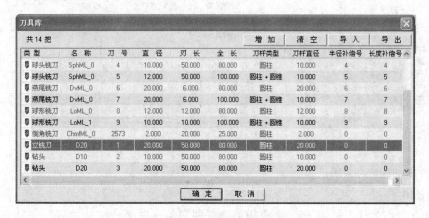

图 5-83 在刀具库中选择刀具

4）"几何"选项卡设置如图5-84所示。

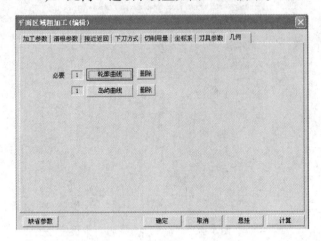
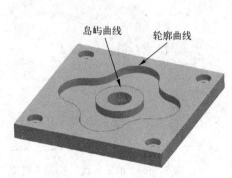

图5-84 "几何"选项卡设置

5）其余选项卡设置默认，设置完成后，单击"计算"按钮，系统开始计算并得到加工轨迹，如图5-85所示。

4. 粗铣 φ30 孔

其切削参数同粗铣型腔和 φ60 凸台，不同的是在"加工参数"选项卡的"底层高度"中输入 –20，如图5-86所示，以铣出通孔；在"几何"选项卡中选择 φ30 孔的轮廓曲线，如图5-87所示。

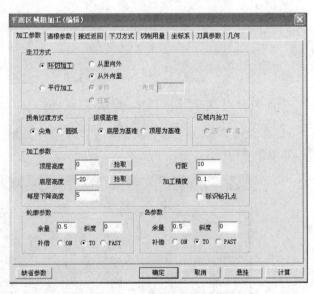

图5-85 型腔和凸台粗加工轨迹　　　图5-86 "加工参数"选项卡设置

生成轨迹如图5-88所示。

5. 钻 φ10 孔

1）单击"相关线" ▨图标，弹出相关线立即菜单，选择"实体边界"方式，拾取 φ20孔边界，生成4条圆弧曲线，作为孔加工边界，如图5-89所示。

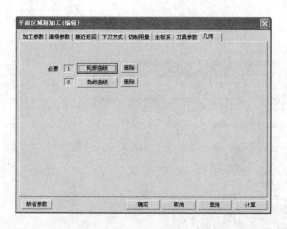

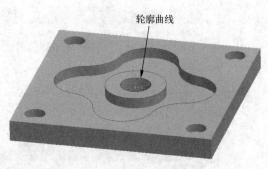

图 5-87 "几何"选项卡设置

图 5-88 生成轨迹

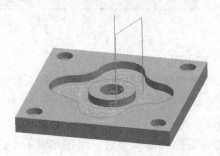

图 5-89 相关线

2）在菜单栏中选择"加工"→"其他加工"→"孔加工"命令，弹出孔加工菜单，在"加工参数"选项卡中输入主轴转速 600 r/min、钻子速度 150 mm/min、钻孔深度 20 mm，为保证钻透，可以输入 22mm，钻孔点单击"拾取圆弧"按钮，拾取刚创建的 4 条 φ20 圆弧曲线，如图 5-90 所示；在"刀具参数"选项卡中单击"刀库"按钮选择 2 号刀，即 φ10 钻

图 5-90 "加工参数"选项卡

头，如图5-91所示，然后单击"确定"按钮，系统开始计算得到加工轨迹，如图5-92所示。

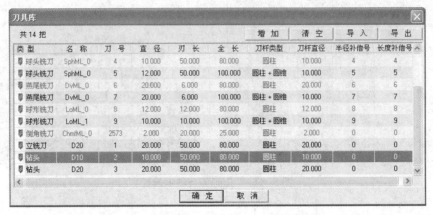

图5-91　选择刀具

6. 锪φ20孔

锪φ20孔切削参数同钻φ10孔，在"加工参数"选项卡中输入钻孔深度8 mm；在"刀具参数"选项卡中单击"刀库"按钮选择3号刀，即φ20钻头，然后单击"确定"按钮，系统开始计算得到加工轨迹。

7. 精铣型腔和φ60凸台，精铣φ30孔

1）右击轨迹管理栏中的"刀具轨迹"，选择"全部隐藏"命令，以便于观察精加工轨迹。

2）在菜单栏中选择"加工"→"常用加工"→"平面轮廓精加工"命令，弹出"平面轮廓精加工"对话框，"加工参数"设置如图5-93所示，"接近返回"设置如图5-94所示，"切削用量"设置如图5-95所示，对于"刀具参数"从刀具库中选择1号刀，即D20立铣刀。

图5-92　生成轨迹

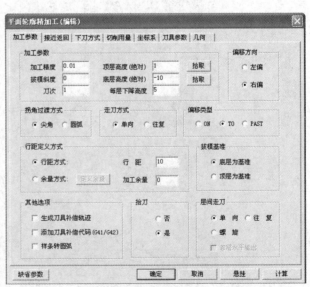

图5-93　"加工参数"选项卡

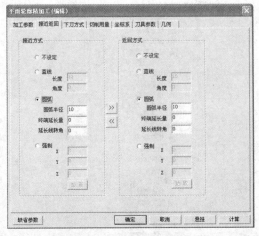

图 5-94 "接近返回"选项卡　　　　　图 5-95 "切削用量"选项卡

3）"几何"选项卡设置如图 5-96 所示，注意在选择曲线时搜索方向外边界顺时针、内边界逆时针，否则刀具补偿错误。

4）其余选项卡设置默认，单击"确定"按钮，系统开始计算得到加工轨迹，如图 5-97 所示。

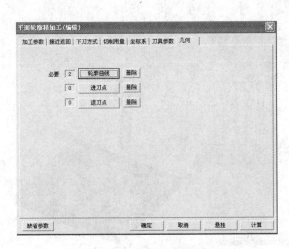

图 5-96 "几何"选项卡

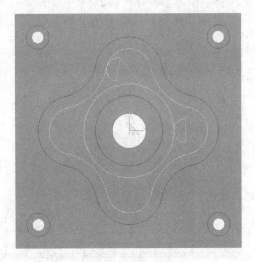

图 5-97 生成轨迹

5.3.4 轨迹生成与验证

1）右键单击轨迹树中的"刀具轨迹"，选择"全部显示"命令，显示所有已生成的加工轨迹，如图 5-98 所示。

2）右键单击轨迹树中的"刀具轨迹"，选中生成的全部加工轨迹，如图 5-99 所示。再右键单击"刀具轨迹"，选择"实体仿真"，系统进入加工仿真界面，如图 5-100 所示。

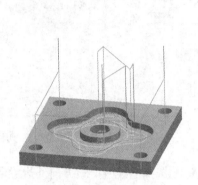

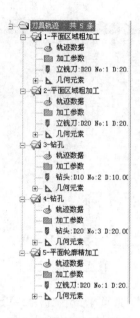

图 5-98　生成的加工轨迹　　　　图 5-99　选中加工轨迹

3）单击"开始"▶按钮，系统进入仿真加工状态，加工结果如图 5-101 所示。仿真检验无误后退出仿真程序，回到 CAXA 制造工程师 2013 的主界面，在菜单栏中选择"文件"→"保存"命令，保存粗加工和精加工轨迹。

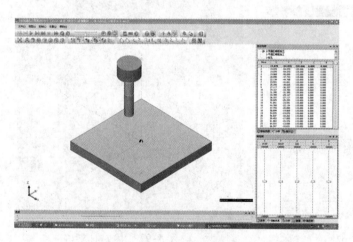

图 5-100　仿真加工界面　　　　图 5-101　仿真加工结果

5.3.5　生成 G 代码

1. 后置设置

在菜单栏中选择"加工"→"后置处理"→"后置设置"命令，弹出"选择后置配置文件"对话框，如图 5-102 所示；选择当前机床类型为 fanuc，单击"编辑"按钮，打开"CAXA 后置配置"对话框，如图 5-103 所示，根据当前的机床设置各参数，然后另存，一般不需要改动。

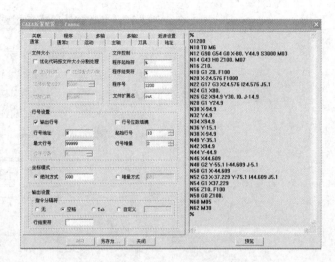

图 5-102　"选择后置配置
文件"对话框

图 5-103　机床参数

2. 生成 G 代码并保存

在菜单栏中选择"加工"→"后置处理"→"生成 G 代码"命令，弹出"生成后置代码"对话框，如图 5-104 所示；单击"代码文件"按钮弹出"另存为"对话框，如图 5-105 所示，填写加工代码文件名"501"，单击"保存"按钮。

图 5-104　"生成后置代码"对话框

图 5-105　"另存为"对话框

3. 生成工艺清单

右键单击轨迹树中的"刀具轨迹"，选中生成的全部加工轨迹，再右键单击"刀具轨迹"，选择"工艺清单"，弹出"工艺清单"对话框，如图 5-106 所示，单击"确定"按钮即可生成工艺清单。

至此，该零件的造型、生成加工轨迹、加工轨迹仿真检查、生成 G 代码程序及工艺清单的工作已经全部做完，可以把 G 代码程序通过局域网送到机床去了。

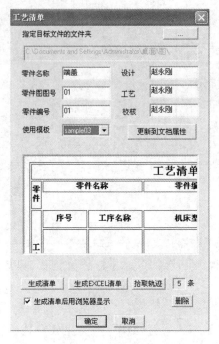

图 5-106 "工艺清单"对话框

任务 5.4 五角星零件的加工

【任务描述】

完成如图 5-107 所示的五角星零件的实体造型和加工。

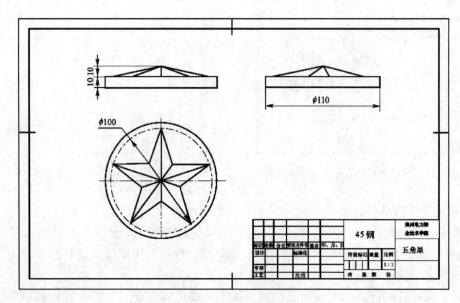

图 5-107 五角星零件图

【任务分析】

由图 5-107 可知，要加工的五角星零件材料为 45 钢，毛坯尺寸为 $\phi110\,mm \times 20\,mm$，在加工技术文件上要考虑精度和效率两个主要方面。理论的加工工艺必须符合图样要求，同时又能充分、合理地发挥机床的性能。

【任务实施】

5.4.1　工艺分析

1. 图样分析

图样分析主要包括零件轮廓形状等。从五角星零件图可以看出，加工表面包括 10 处斜面和 $\phi100$ 处平面，这两项在加工过程中应重点保证。

2. 定位基准的选择

在选择定位基准时，要全面考虑各个工件的加工情况，保证工件定位准确、装卸方便，能迅速完成工件的定位和夹紧，保证各项加工的精度，应尽量选择工件上的设计基准作为定位基准。根据以上原则和图样分析，以底面定位，一次装夹，将所有表面和轮廓全部加工完成，保证了图样要求的尺寸精度和位置精度。

3. 工件的装夹

该零件毛坯为圆柱体，采用三爪卡盘装夹。在采用三爪卡盘装夹工件时，工件被加工部分要高出钳口，以避免刀具与钳口发生干涉，夹紧工件时注意工件上浮。

4. 确定工件坐标系及对刀位置

根据工艺分析，工件坐标编程原点设在 $\phi110$ 的中心，Z 点设在上表面。编程原点确定后，编程坐标、对刀位置与工件坐标原点重合，对刀方法可根据机床选择，选用手动对刀。

5. 确定加工所用的各种工艺参数

切削条件的好坏直接影响加工的效率和经济性，这主要取决于编程人员的经验，工件的材料及性质，刀具的材料及形状，机床、刀具、工件的刚性，加工精度、表面质量要求，冷却系统等，具体参数见表 5-4 和表 5-5。

表 5-4　刀具参数表

序　　号	刀具名称	规　　格	用　　途	刀具材料
1	立铣刀	$\phi6$	成型面粗加工	硬质合金
2	球头铣刀	$R3$	成型面精加工	硬质合金

表 5-5　五角星零件加工参数表

工　步	加工内容	刀具编号	刀具名称	规　格	主轴速度 /(r/min)	进给速度 /(mm/min)	切削深度 /mm	加工余量 /mm
1	粗铣	T01	立铣刀	$\phi6$	3000	1200	1	1
2	精铣	T02	球头铣刀	$R3$	3500	700	1	0

5.4.2　零件造型

由五角星零件图可知，五角星主要是由多个空间面构成的，因此在构造实体时首先应使用空间曲线构造实体的空间线架，然后利用直纹面生成曲面，在生成曲面时可以逐个生成也可以将生成的一个角的曲面进行圆形阵列，从而生成所有的曲面，最后使用曲面裁剪实体的方法生成实体，完成造型。

1. 绘制五角星零件的框架

1）五边形的绘制。单击曲线生成工具栏上的"正多边形" ⊙图标，在特征树下方的立即菜单中选择"中心"定位，输入边数 5 条，选择内接方式，单击右键确认。然后按系统提示选择中心点，输入边起点为 50（输入方法与圆的绘制相同），单击右键结束该五边形的绘制，如图 5-108 所示。

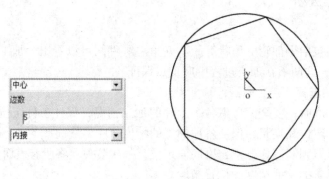

图 5-108　五边形的绘制

2）绘制五角星的轮廓线。通过图 5-108 操作获得了五角星的 5 个角点，单击曲线生成工具栏上的"直线" ／图标，在特征树下方的立即菜单中选择"两点线""连续""非正交"方式，将五角星的各个角点连接起来，如图 5-109 所示。

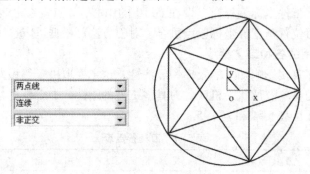

图 5-109　五角星的绘制

单击"删除" ◢图标将多余的线段删除，用左键直接单击拾取多余的线段，拾取的线段会变成红色，单击鼠标右键确认，结果如图 5-110 所示。

单击线面编辑栏中的"曲线裁剪" ⊠图标，在特征树下方的立即菜单中选择"快速裁剪""正常裁剪"方式，用鼠标单击剩余的线段即可进行曲线的裁剪，结果如图 5-111 所示。

3）绘制五角星的空间线架。在构造空间线架时需要五角星的一个顶点，因此需要在五角星的高度方向上绘制一点（0，0，10），以便通过两点连线实现五角星的空间线架构造。

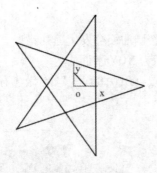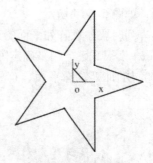

图5-110　删除　　　　　　　　　　图5-111　裁剪

单击曲线生成栏上的"直线" ／ 图标，在特征树下方的立即菜单中选择"两点线""连续""非正交"，用鼠标单击五角星的任一个角点，然后按空格键，输入顶点坐标"0，0，10"，按回车键完成，绘制五角星各个角点与顶点的连线，完成五角星的空间线架，如图5-112所示。

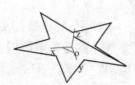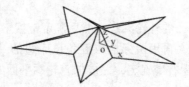

图5-112　五角星的空间线架

2. 五角星曲面的生成

1）使用直纹面生成曲面。用鼠标单击曲面生成栏中的"直纹面" 图标，在特征树下方的立即菜单中选择以"曲线＋曲线"的方式生成直纹面，然后用鼠标左键拾取与该角相邻的两条直线完成曲面，如图5-113所示。

注意：当生成方式为"曲线＋曲线"时，在拾取曲线时应注意拾取点的位置，应拾取曲线的同侧对应位置，否则将使两曲线的方向相反，生成的直纹面发生扭曲，如图5-114所示。

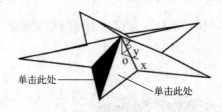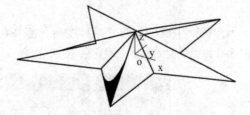

图5-113　直纹面　　　　　　　　图5-114　扭曲的直纹面

2）生成其他各个角的曲面。在生成其他曲面时，可以利用直纹面逐个生成曲面，也可以使用阵列功能对已有一个角的曲面进行圆形阵列来实现五角星的曲面构成。

单击几何变换栏中的"阵列" 图标，在特征树下方的立即菜单中选择"圆形"阵列方式、"均布"，份数输入5，然后用鼠标左键拾取一个角上的两个曲面，单击鼠标右键确认，并根据提示输入中心点坐标"0，0，0"，也可以直接用鼠标拾取坐标原点，系统会自动生成各角的曲面，如图5-115所示。

在使用圆形阵列时要注意阵列平面的选择，否则曲面会发生阵列错误。因此，在本例中使用阵列前最好按一下F5键，用来确定阵列平面为XOY平面。

3）生成五角星的加工轮廓平面。首先以原点（0,0,0）为圆心做半径为55的圆，如图5-116所示。

 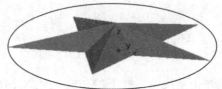

图5-115 阵列 图5-116 五角星的加工轮廓平面

单击曲面生成栏中的"平面" 图标，在特征树下方的立即菜单中选择"裁剪平面"。

用鼠标拾取平面的外轮廓线，然后确定链搜索方向（用鼠标点取箭头），系统会提示拾取第一个内轮廓线，再用鼠标拾取五角星底边的一条线，然后确定链搜索方向（用鼠标点取箭头），单击鼠标右键确定，完成加工轮廓平面的创建，如图5-117所示。

3. 生成加工实体

1）按F2键，进入草图绘制状态，单击曲线生成栏上的"曲线投影" 图标，用鼠标拾取已有的R55外轮廓圆，将圆投影到草图上，如图5-118所示。

 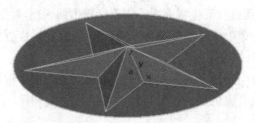

图5-117 加工轮廓面 图5-118 相关线

单击特征生成栏上的"拉伸增料" 图标，在"拉伸增料"对话框中选择相应的选项，如图5-119所示，单击"确定"按钮完成。

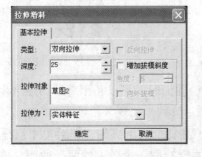 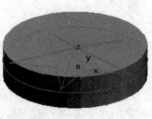

图5-119 实体的生成

146

2）利用曲面裁剪除料生成实体。单击特征生成栏上的"曲面裁剪除料" 图标，用鼠标框选所有曲面，并且选择除料方向，如图5-120所示，单击"确定"按钮完成。

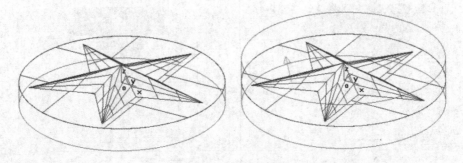

图5-120 曲面裁剪除料

3）在菜单栏中单击"设置"，选择"拾取过滤设置"命令，在弹出的对话框中只勾选"空间点""空间曲面""空间曲线"；再单击"编辑"，选择"隐藏"命令，用鼠标框选所有，单击右键确认，则实体上的曲面即被全部隐藏，如图5-121所示。

注意：由于在实体加工中有些曲线和曲面是需要保留的，因此不要随便删除。

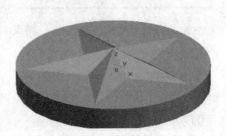

图5-121 曲面隐藏效果

5.4.3 加工设置

1. 设定加工刀具

在轨迹管理栏中双击"刀具库"，弹出"刀具库"对话框，如图5-122所示。

类型	名称	刀号	直径	刃长	全长	刀杆类型	刀杆直径	半径补偿号	长度补偿号
立铣刀	EdML_0	0	10.000	50.000	80.000	圆柱	10.000	0	0
立铣刀	EdML_0	1	10.000	50.000	100.000	圆柱+圆锥	10.000	1	1
圆角铣刀	BulML_0	2	10.000	50.000	80.000	圆柱	10.000	2	2
圆角铣刀	BulML_0	3	10.000	50.000	100.000	圆柱+圆锥	10.000	3	3
球头铣刀	SphML_0	4	10.000	50.000	80.000	圆柱	10.000	4	4
球头铣刀	SphML_0	5	12.000	50.000	100.000	圆柱+圆锥	10.000	5	5
燕尾铣刀	DvML_0	6	20.000	6.000	80.000	圆柱	20.000	6	6
燕尾铣刀	DvML_0	7	20.000	6.000	100.000	圆柱+圆锥	10.000	7	7
球形铣刀	LoML_0	8	12.000	12.000	80.000	圆柱	12.000	8	8
球形铣刀	LoML_1	9	10.000	10.000	100.000	圆柱+圆锥	10.000	9	9

刀具库　共11把　增加　清空　导入　导出　确定　取消

图5-122 "刀具库"对话框

单击"增加"按钮，弹出"刀具定义"对话框，如图5-123所示。此处增加一个粗加工需要的铣刀D6，设定增加的铣刀的参数，在"刀具定义"对话框中输入正确的数值，刀具定义即可完成。同理增加一把球头铣刀R3，其中的刃长和刀杆长与仿真有关，与实际加工无关，在实际加工中要正确选择吃刀量和吃刀深度，以免损坏刀具。

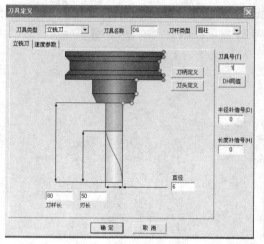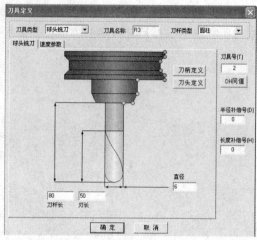

图5-123　定义D6和R3刀具

2. 设定加工毛坯

1）单击"相关线"　　图标，选择"实体边界"，然后单击底面棱线引用出R55圆弧，如图5-124所示。

2）在特征树的轨迹管理栏中双击"毛坯"，弹出"毛坯定义"对话框，在"类型"中选择"柱面"，单击"拾取平面轮廓"，选择刚生成的相关线，"高度"输入25，单击"线框"按钮，显示真实感，结果如图5-125所示。

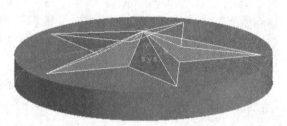

图5-124　相关线

3）单击"确定"按钮后生成毛坯，如图5-126所示。

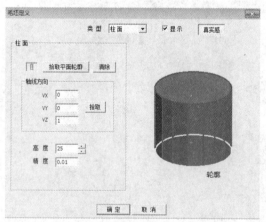
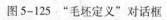

图5-125　"毛坯定义"对话框

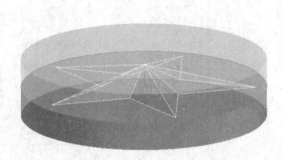

图5-126　毛坯效果

4）用鼠标右键单击特征树的轨迹管理栏中的"毛坯"，选择"隐藏毛坯"命令，可以将毛坯隐藏。

3. 五角星常规加工

加工思路：主要使用等高线粗加工、扫描线精加工。

五角星的整体形状较为平坦，因此整体加工时应该选择等高线粗加工，在精加工时应采用扫描线精加工。

（1）等高线粗加工刀具轨迹

1）设置粗加工参数。单击"等高线粗加工" 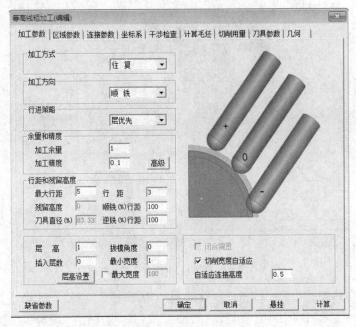图标，在弹出的"等高线粗加工"对话框中设置等高线粗加工的"加工参数"，如图5-127所示。

图5-127　等高线粗加工的"加工参数"

2）设置等高线粗加工的"切削用量"，如图5-128所示。

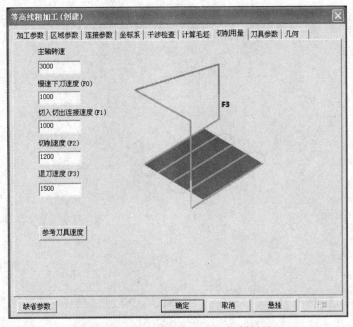

图5-128　等高线粗加工的"切削用量"

3）设置等高线粗加工的"刀具参数"。单击"刀库"按钮，选择我们增加的刀具号为1的D6立铣刀，如图5-129所示。

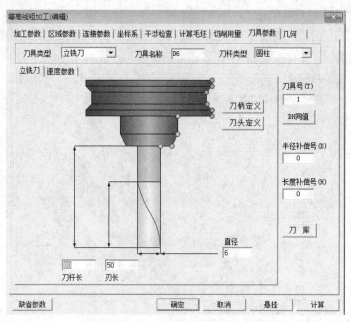

图5-129 等高线粗加工的"刀具参数"

4）设置等高线粗加工的"几何"。在菜单栏中单击"设置"，选择"拾取过滤设置"命令，在弹出的对话框中单击"选中所有类型"按钮，再单击"编辑"，选择"可见"命令，用鼠标框选所有，单击右键确认，则实体上的曲面即被全部显示。单击"加工曲面"，框选所有曲面，然后单击鼠标右键结束，如图5-130所示。

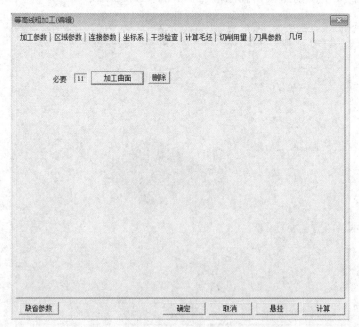

图5-130 等高线粗加工的"几何"选项卡

5）单击"确定"按钮，系统开始计算并生成粗加工刀路轨迹，这个过程根据计算机的配置情况不同所用的时间有所不同，结果如图5-131所示。

6）隐藏生成的粗加工轨迹。在轨迹管理栏中右击"等高线粗加工"，选择"隐藏"命令，隐藏生成的粗加工轨迹，以便于下一步操作。

（2）扫描线精加工

1）设置扫描线精加工参数。在菜单栏中选择"加工"→"常用加工"→"扫描线精加工"命令，或直接单击"扫描线精加工" 🖰 图标，在弹出的"扫描线精加工"对话框中设置扫描线精加工的"加工参数"，如图5-132所示。

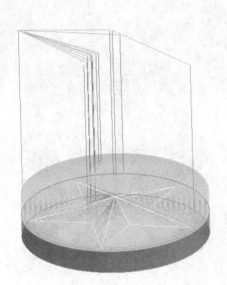

图5-131 等高线粗加工刀路轨迹

图5-132 扫描线精加工的"加工参数"

2）设置扫描线精加工的"切削用量"，如图5-133所示。

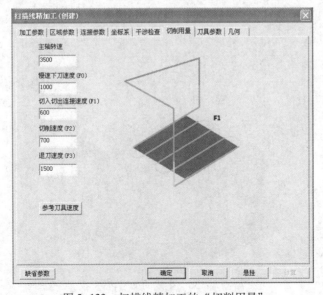

图5-133 扫描线精加工的"切削用量"

3）设置扫描线精加工的"刀具参数"。单击"刀库"按钮，选择我们增加的刀具号为 2 的 R3 球头铣刀，如图 5-134 所示。

4）设置"几何"。和粗加工一样选择所有曲面，单击"确定"按钮，系统开始计算并生成刀路轨迹，结果如图 5-135 所示。

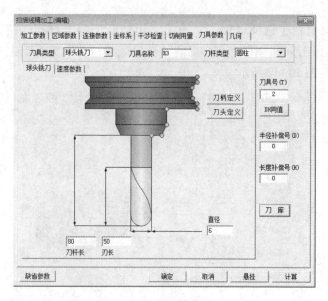

图 5-134　扫描线精加工的"刀具参数"

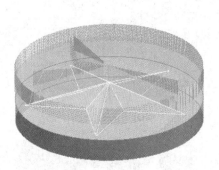

图 5-135　扫描线精加工刀路轨迹

5.4.4　轨迹生成与验证

1）用鼠标右键单击轨迹树中的"刀具轨迹"，选择"全部显示"，显示所有已生成的加工轨迹，如图 5-136 所示。

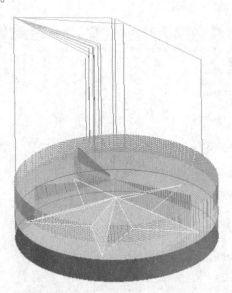

图 5-136　生成的加工轨迹

2）右键单击轨迹树中的"刀具轨迹"，选中生成的全部加工轨迹，再右键单击"刀具轨迹"，选择"实体仿真"，系统进入加工仿真界面，如图5-137所示。

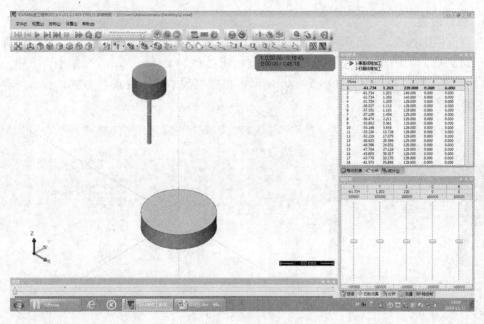

图5-137　仿真加工界面

3）单击"开始" ▶ 按钮，系统进入仿真加工状态，加工结果如图5-138所示。仿真检验无误后退出仿真程序，回到CAXA制造工程师2013的主界面，在菜单栏中选择"文件"→"保存"命令，保存粗加工和精加工轨迹。

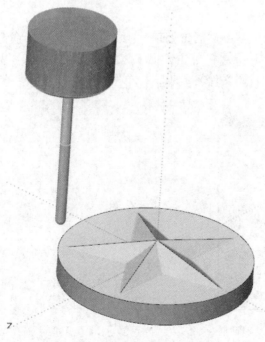

图5-138　仿真加工结果

5.4.5 生成 G 代码

1. 后置设置

在菜单栏中选择"加工"→"后置处理"→"后置设置"命令，弹出"选择后置配置文件"对话框，如图 5-139 所示；选择当前机床类型为 fanuc，单击"编辑"按钮，打开"CAXA 后置配置"对话框，如图 5-140 所示，根据当前的机床设置各参数，然后另存，一般不需要改动。

图 5-139 "选择后置配置
文件"对话框

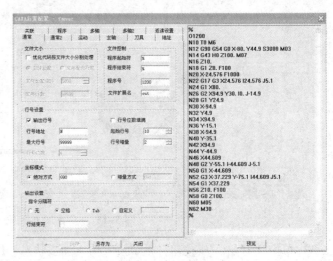

图 5-140 机床参数

2. 生成 G 代码并保存

在菜单栏中选择"加工"→"后置处理"→"生成 G 代码"命令，弹出"生成后置代码"对话框，如图 5-141 所示，单击"代码文件"按钮弹出"另存为"对话框，如图 5-142 所示，填写加工代码文件名"502"，单击"保存"按钮。

图 5-141 "生成后置代码"对话框

图 5-142 "另存为"对话框

3. 生成工艺清单

右键单击轨迹树中的"刀具轨迹",选中生成的全部加工轨迹,再右键单击"刀具轨迹",选择"工艺清单",弹出"工艺清单"对话框,如图5-143所示,单击"确定"按钮即可生成工艺清单。

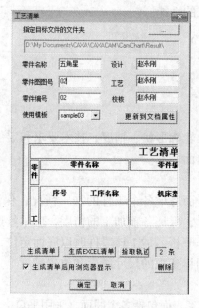

图5-143 "工艺清单"对话框

任务 5.5 鼠标的加工

【任务描述】

完成如图5-144所示的鼠标的实体造型和加工。

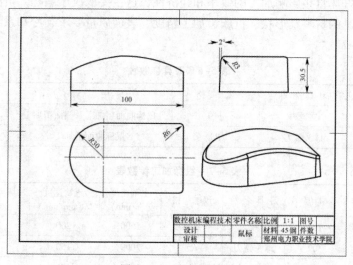

图5-144 鼠标零件图

【任务分析】

由图 5-144 可知，要加工的鼠标的材料为 45 钢，毛坯尺寸为 100 mm × 65 mm × 35 mm，在加工技术文件上要考虑精度和效率两个主要方面。理论的加工工艺必须符合图样要求，同时又能充分、合理地发挥机床的性能。

【任务实施】

5.5.1 工艺分析

1. 图样分析

图样分析主要包括零件的轮廓形状、精度、技术要求和定位基准等。从鼠标零件图可以看出，加工表面主要是鼠标曲面。

2. 定位基准的选择

在选择定位基准时，要全面考虑各个工件的加工情况，保证工件定位准确、装卸方便，能迅速完成工件的定位和夹紧，保证各项加工的精度，应尽量选择工件上的设计基准作为定位基准。根据以上原则和图样分析，加工该零件时以底面定位，一次装夹，将所有表面和轮廓全部加工完成，从而保证图样要求的尺寸精度和位置精度。

3. 工件的装夹

该零件毛坯为长方体，加工表面包括各个曲面，采用平口虎钳装夹，在用平口虎钳装夹工件时，应首先找正虎钳固定钳口，注意工件应安装在钳口中间部位，下表面由支承板找正，工件被加工部分要高出钳口，以避免刀具与虎钳发生干涉，夹紧工件时，注意工件上浮。

4. 确定工件坐标系及对刀位置

根据工艺分析，工件坐标系编程原点设在上表面 R30 圆弧的中心，对刀位置与工件坐标系原点重合，对刀方法可根据机床选择，选用手动对刀。

5. 确定加工所用的各种工艺参数

切削条件的好坏直接影响加工的效率和经济性，这主要取决于编程人员的经验、工件的材料及性质、刀具的材料及形状、机床、加工精度、表面质量要求、冷却系统等，具体参数见表 5-6 与表 5-7。

表 5-6　刀具参数表

序　号	刀 具 名 称	规　格	用　　途	刀 具 材 料
1	立铣刀	$\phi 10$	鼠标曲面粗加工及侧面精加工	硬质合金
2	球头铣刀	$R5$	鼠标曲面精加工	硬质合金

表 5-7　鼠标加工参数表

工　步	加工内容	刀具编号	刀具名称	规　格	主轴速度 /(r/min)	进给速度 /(mm/min)	切削深度 /mm	加工余量 /mm
1	粗铣所有面	T01	立铣刀	$\phi 10$	1500	200	1	1
2	精铣所有面	T02	球头铣刀	$R5$	2000	150	1	0
3	精铣侧面	T01	立铣刀	$\phi 10$	2000	150	5	0

5.5.2 零件造型

1. 创建鼠标底面草图

1）单击特征树中的"平面 XY",确定绘制草图的基准面,在屏幕绘图区中显示一个虚线框,表明该平面被拾取到。单击"绘制草图" ✍图标,进入绘制草图状态。

2）单击"矩形"图标,在立即菜单中选择"中心_长_宽"方式,在长度和宽度中分别输入 100 mm 和 60 mm,如图 5-145 所示,按回车键确定。在绘图区中选择矩形中心,单击原点确定,通过右键结束绘图命令,矩形如图 5-146 所示,然后按 F2 键退出草图。

图 5-145　矩形立即菜单　　　　图 5-146　矩形

3）单击"圆弧" ╱图标,在立即菜单中选择"三点圆弧",按空格键选择"切点",在矩形右侧生成内切半圆弧,然后单击鼠标右键结束操作,如图 5-147 所示。

4）单击"曲线裁剪" ✂图标,选择需要裁剪的线条,单击右键确认。然后单击"删除" ✍图标删除多余的线条,如图 5-148 所示,并按 F2 键退出草图绘制状态。

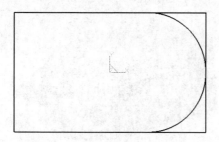

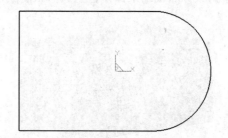

图 5-147　三点圆弧　　　　　　图 5-148　曲线编辑

2. 创建鼠标基本体

1）按 F8 键显示轴测图,单击"拉伸增料"图标,在弹出的对话框中输入深度 40,然后单击拾取草图,生成实体,如图 5-149 所示。

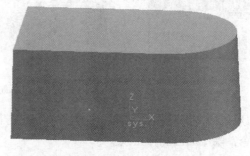

图 5-149　"拉伸增料"对话框及设计结果

2）单击"过渡"  图标，对话框中输入半径6，然后按对话框提示拾取"需过渡的元素"，单击"确定"按钮生成实体，如图5-150所示。

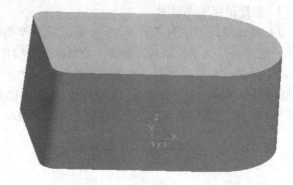

图5-150 "过渡"对话框及设计结果

3. 创建鼠标顶面

1）单击"样条线"图标，按回车键，出现输入坐标对话框，依次输入坐标点"-50，0，15"、"0，0，30.5"、"50，0，15"，输入3点后按回车键，单击鼠标右键结束操作，生成的样条线如图5-151所示。

2）单击"扫描面" 图标，在立即菜单中输入"起始距离"-40、"扫描距离"80。然后按左下角提示输入扫描方向，按空格键弹出方向工具菜单，选择"Y轴正向"，拾取曲线，单击鼠标右键结束操作，生成一张曲面，如图5-152所示。

图5-151 样条线 　　　　　　图5-152 扫描面

3）单击"曲面裁剪除料"  图标，选择刚生成的扫描面，在对话框中勾选"除料方向选择"，单击"确定"按钮，完成曲面裁剪除料，如图5-153所示。

图5-153 曲面裁剪除料

4）用鼠标左键分别拾取曲面和样条线，单击鼠标右键，在弹出的快捷菜单中选择"隐藏"命令，隐藏曲面和样条线。

5）单击"过渡" 图标，在弹出的对话框中输入半径为3，依次拾取曲面交线，然后单击"确定"按钮，生成实体圆弧过渡，如图5-154所示。

图 5-154　圆弧过渡

5.5.3　加工设置

1. 设定加工刀具

在轨迹管理栏中双击"刀具库"，弹出"刀具库"对话框，如图5-155所示。

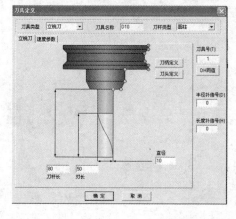

图 5-155　"刀具库"对话框

单击"增加"按钮，弹出"刀具定义"对话框，如图5-156所示。此处增加一个粗加工需要的铣刀D10，并设定增加的铣刀的参数，在"刀具定义"对话框中输入正确的数值，刀具定义即可完成。同理增加一把球头铣刀R5，其中的刃长和刀杆长与仿真有关，与实际

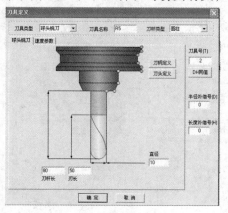

图 5-156　定义 D10 和 R5 刀具

加工无关，在实际加工中要正确地选择吃刀量和吃刀深度，以免损坏刀具。

2. 设定加工毛坯

1）双击特征树的轨迹管理栏中的"毛坯"，弹出"毛坯定义"对话框，单击"参照模型"，在系统给出的尺寸中进行调整，如图5-157所示。

2）单击"确定"按钮后，生成毛坯，如图5-158所示。

3）用鼠标右键单击特征树的轨迹管理栏中的"毛坯"，选择"隐藏毛坯"命令，可以将毛坯隐藏。

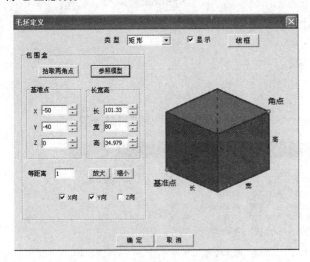

图5-157 "毛坯定义"对话框

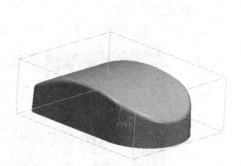

图5-158 毛坯生成效果

3. 鼠标的常规加工

加工思路：主要使用等高线粗加工、等高线精加工和平面轮廓精加工。

（1）等高线粗加工刀具轨迹

1）设置粗加工参数。单击"等高线粗加工"图标，在弹出的"等高线粗加工"对话框中设置加工参数，如图5-159所示。

2）设置连接参数，如图5-160所示。

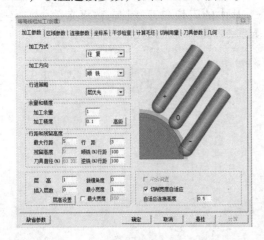

图5-159 等高线粗加工的加工参数

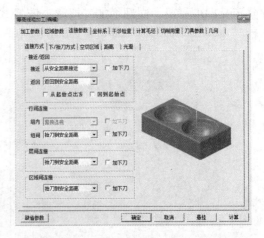

图5-160 等高线粗加工的连接参数

3) 设置下/抬刀方式参数，如图 5-161 所示。

4) 设置距离参数，如图 5-162 所示。

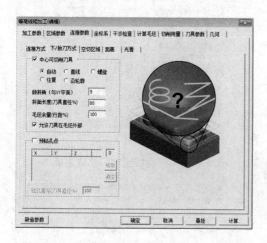

图 5-161　等高线粗加工的下/抬刀方式参数

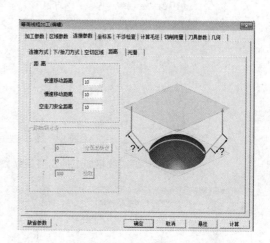

图 5-162　等高线粗加工的距离参数

5) 设置切削用量参数，如图 5-163 所示。

6) 设置刀具参数。单击"刀库"按钮，选择我们增加的刀具号为 1 的 D10 立铣刀，如图 5-164 所示。

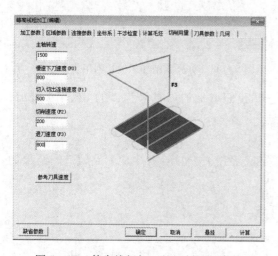

图 5-163　等高线粗加工的切削用量参数

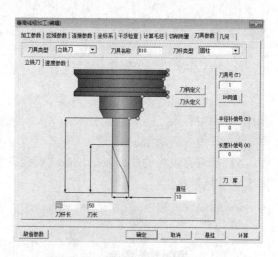

图 5-164　等高线粗加工的刀具参数

7) 设置几何参数。单击"加工曲面"按钮，根据左下角提示拾取加工对象，用鼠标左键选取鼠标实体，单击鼠标右键结束，如图 5-165 所示。

8) 单击"确定"按钮，系统开始计算并生成等高线粗加工轨迹，如图 5-166 所示。

（2）鼠标等高线精加工轨迹

1) 设置精加工参数。单击"等高线精加工"图标，在弹出的"等高线精加工"对话框中设置加工参数，如图 5-167 所示。

2) 设置切削用量参数，如图 5-168 所示。

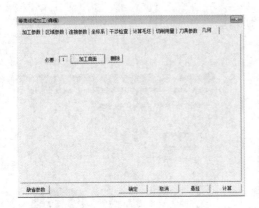

图 5-165　等高线粗加工的几何参数

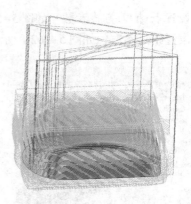

图 5-166　等高线粗加工轨迹生成

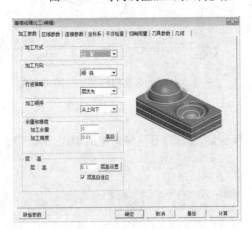

图 5-167　等高线精加工的加工参数

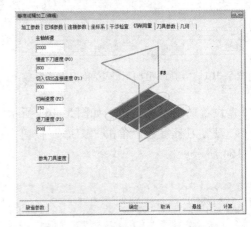

图 5-168　等高线精加工的切削用量参数

3）设置刀具参数。单击"刀库"按钮，选择我们增加的刀具号为 2 的 R5 球头铣刀，如图 5-169 所示。

4）其他参数同粗加工。

5）拾取完鼠标的曲面以后单击"确定"按钮，系统开始计算并生成刀路轨迹，结果如图 5-170 所示。

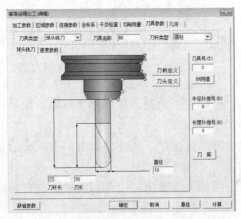

图 5-169　等高线精加工的刀具参数

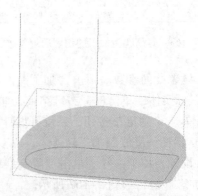

图 5-170　等高线精加工的刀路轨迹

（3）鼠标底部平面轮廓精加工轨迹

1）设置平面轮廓精加工参数。单击"平面轮廓精加工"图标，在弹出的"平面轮廓精加工"对话框中设置加工参数，如图5-171所示。

2）设置接近返回参数，如图5-172所示。

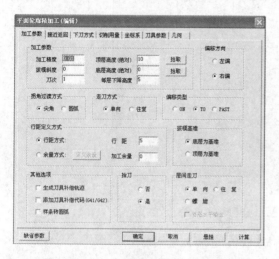

图5-171　平面轮廓精加工的加工参数

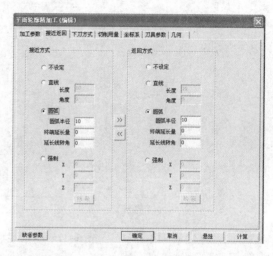

图5-172　平面轮廓精加工的接近返回参数

3）设置下刀方式参数，如图5-173所示。

4）设置切削用量参数，如图5-174所示。

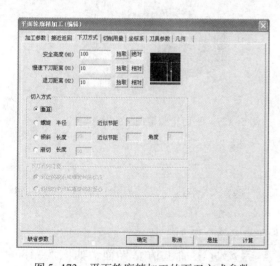

图5-173　平面轮廓精加工的下刀方式参数

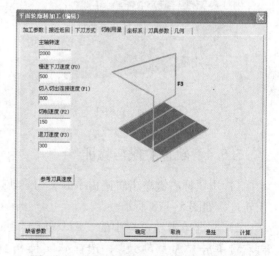

图5-174　平面轮廓精加工的切削用量参数

5）设置刀具参数。单击"刀库"按钮，选择我们增加的刀具号为1的D10立铣刀。

6）设置几何参数，如图5-175所示，单击"轮廓曲线"按钮。单击"相关线"图标，在立即菜单中选择"实体边界"，拾取底面轮廓线，然后单击右键确认，如图5-176所示，单击"确定"按钮，系统开始计算并生成刀路轨迹，结果如图5-177所示。

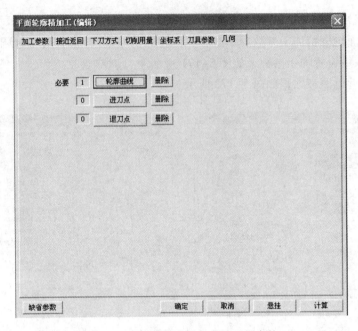

图 5-175　平面轮廓精加工的几何参数

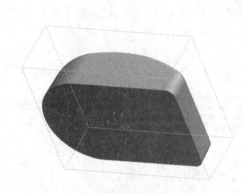

图 5-176　相关线

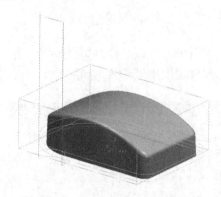

图 5-177　平面轮廓精加工的刀路轨迹

5.5.4　轨迹生成与验证

1）用鼠标右键单击轨迹树中的"刀具轨迹"，选择"全部显示"，显示所有已生成的加工轨迹，如图 5-178 所示。

2）右键单击轨迹树中的"刀具轨迹"，选中生成的全部加工轨迹，如图 5-179 所示。再右键单击"刀具轨迹"，选择"实体仿真"，系统进入加工仿真界面，如图 5-180 所示。

3）单击"开始"按钮▷，系统进入仿真加工状态，加工结果如图 5-181 所示。仿真检验无误后退出仿真程序，回到 CAXA 制造工程师 2013 的主界面，在菜单栏中选择"文件"→"保存"命令，保存粗加工和精加工轨迹。

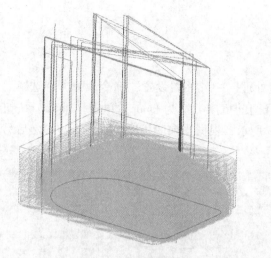

图 5-178　生成的加工轨迹　　　　　　　图 5-179　选中加工轨迹

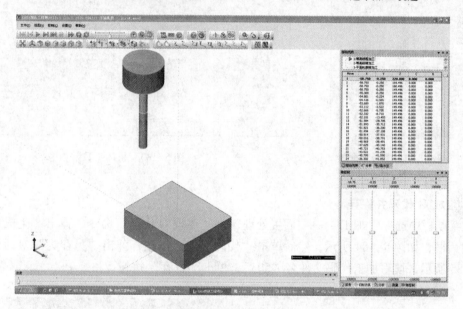

图 5-180　仿真加工界面

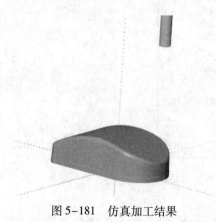

图 5-181　仿真加工结果

5.5.5 生成 G 代码

1. 后置设置

在菜单栏中选择"加工"→"后置处理"→"后置设置"命令，弹出"选择后置配置文件"对话框，如图 5-182 所示；选择当前机床类型为 fanuc，单击"编辑"按钮，打开"CAXA 后置配置"对话框，如图 5-183 所示，根据当前的机床设置各参数，然后另存，一般不需要改动。

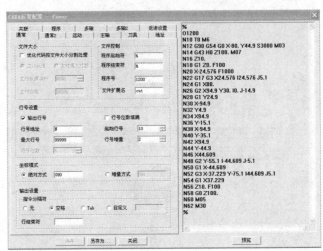

图 5-182 "选择后置配置
文件"对话框

图 5-183 机床参数

2. 生成 G 代码并保存

在菜单栏中选择"加工"→"后置处理"→"生成 G 代码"命令，弹出"生成后置代码"对话框，如图 5-184 所示，然后单击"代码文件"按钮，弹出"另存为"对话框，如图 5-185 所示，填写加工代码文件名"503"，单击"保存"按钮。

图 5-184 "生成后置代码"对话框

图 5-185 "另存为"对话框

3. 生成工艺清单

右键单击轨迹树中的"刀具轨迹"，选中生成的全部加工轨迹，再右键单击"刀具轨迹",选择"工艺清单",弹出"工艺清单"对话框,如图5-186所示,单击"确定"按钮即可生成工艺清单。

图5-186 "工艺清单"对话框

任务5.6 吊钩的加工

【任务描述】

完成如图5-187所示的吊钩零件的实体造型和加工。

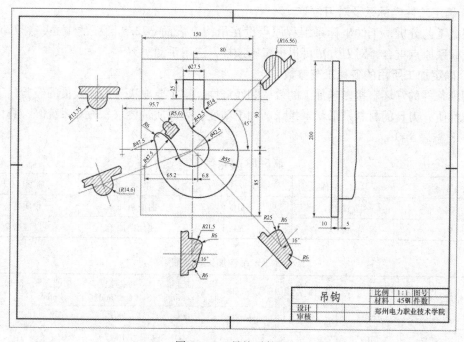

图5-187 吊钩零件图

【任务分析】

由图 5-187 可知，要加工的吊钩零件的材料为 45 钢，毛坯尺寸为 40 mm × 200 mm × 150 mm，在加工技术文件上要考虑精度和效率两个主要方面。理论的加工工艺必须符合图样要求，同时又能充分、合理地发挥机床的性能。

【任务实施】

5.6.1 工艺分析

1. 图样分析

图样分析主要包括零件的轮廓形状、精度、技术要求和定位基准等。从吊钩零件图可以看出，加工表面主要是吊钩曲面，可以采用参数线精加工。

2. 定位基准的选择

在选择定位基准时，要全面考虑各个工件的加工情况，保证工件定位准确、装卸方便，能迅速完成工件的定位和夹紧，保证各项加工的精度，应尽量选择工件上的设计基准作为定位基准。根据以上原则和图样分析，在加工该零件时以下底面为基准定位，一次装夹，将所有表面和轮廓全部加工完成，从而保证图样要求的尺寸精度和位置精度。

3. 工件的装夹根据工艺分析

该零件毛坯为长方体，加工表面包括各个曲面，采用平口虎钳装夹，在用平口虎钳装夹工件时首先用百分表找正虎钳固定钳口，注意工件应安装在钳口中间部位，下表面由支承板找正，工件被加工部分要高出钳口，以避免刀具与虎钳发生干涉，夹紧工件时，注意工件上浮。

4. 确定工件坐标系及对刀位置

根据工艺分析，工件坐标系编程原点设在吊钩上表面 $\phi42.5$ 圆弧的中心，对刀位置与工件坐标系原点重合，对刀方法可根据机床选择，选用手动对刀。

5. 确定加工所用的各种工艺参数

切削条件的好坏直接影响加工的效率和经济性，这主要取决于编程人员的经验、工件的材料及性质、刀具的材料及形状、机床、加工精度、表面质量要求、冷却系统等，具体参数见表 5-8 与表 5-9。

表 5-8　刀具参数表

序　　号	刀具名称	规　格	用　　途	刀具材料
1	立铣刀	$\phi10$	曲面粗加工	硬质合金
2	球头铣刀	$R3$	曲面精加工	硬质合金

表 5-9　吊钩加工参数表

工　步	加工内容	刀具编号	刀具名称	规　　格	主轴速度 /(r/min)	进给速度 /(mm/min)	切削深度 /mm	加工余量 /mm
1	粗铣	T01	立铣刀	$\phi10$	2000	250	1	0.5
2	精铣	T02	球头铣刀	$R3$	2500	100	1	0

5.6.2 零件造型

1. 制作吊钩平面轮廓曲线

1）建立新文件，按 F5 键将绘图平面切换到 XY 平面。

2）单击曲线生成栏中的"直线" ╱图标，在立即菜单中选择"水平/铅垂线""水平 + 铅垂"方式，输入长度 200，然后单击拾取坐标原点，绘制中心线。

3）圆的绘制。单击曲线生成栏上的"整圆" ⊙图标，在立即菜单中选择"圆心点_半径"，然后按照提示单击选取坐标系原点，按回车键，在弹出的对话框内输入半径 21.25 并确认，接着单击右键结束该圆的绘制。

4）单击曲线生成栏中的"等距线" ╗图标，在立即菜单中输入距离 13.75，拾取竖直中心线，分别选择向左、向右箭头为等距方向，生成距离为 27.5 的等距线。

5）同理，在立即菜单中输入距离 90，拾取水平中心线，选择向上箭头为等距方向，生成距离为 90 的等距线，如图 5-188 所示。

6）绘制 R55 圆弧。单击"直线" ╱图标，在立即菜单中选择"角度线"，与 X 轴夹角 −45°。单击曲线生成栏中的"等距线" ╗图标，在立即菜单中输入距离 6.8，拾取竖直中心线，选择向右箭头为等距方向，生成距离为 6.8 的等距线。单击曲线生成栏上的"整圆"图标，在立即菜单中选择"圆心点_半径"，然后按照提示单击选取 −45°的直线与 6.8 的等距线的交点作为圆心，输入半径 55 并确认，接着单击右键结束该圆的绘制，如图 5-189 所示。

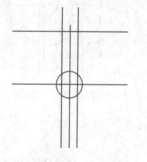

图 5-188　等距线

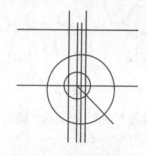

图 5-189　绘制 R55 圆

7）单击"曲线过渡" ╱图标，选择"圆弧过渡"方式，半径为 14，对右侧 13.75 的等距线和 R55 圆弧进行过渡；同样选择"圆弧过渡"方式，半径为 42.5，对左侧 13.75 的等距线和 R21.25 圆弧进行过渡；选择"尖角"方式，分别选择 90 的等距线和 13.75 的等距线，如图 5-190 所示。

8）单击"曲线拉伸" ⤳图标，对 R21.25 圆弧和 R55 圆弧进行拉伸，如图 5-191 所示。

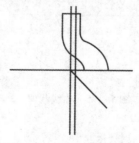

图 5-190　曲线过渡

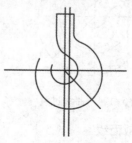

图 5-191　曲线拉伸

9）单击"删除"⌀图标，拾取6.8的等距线，然后单击右键确认。

10）单击曲线生成栏中的"等距线"⏋图标，在立即菜单中输入距离为65.2，然后拾取竖直中心线，选择向左箭头为等距方向，生成距离为65.2的等距线。

11）单击曲线生成栏上的"整圆"⊕图标，在立即菜单中选择"圆心点_半径"，然后按照提示单击选取坐标系原点，半径为68.75。仍然选择"圆心点_半径"，然后按照提示单击选取65.2的等距线与R68.75圆下面的交点作为圆心，半径为47.5并确认，单击右键结束该圆的绘制，如图5-192所示。

12）单击曲线生成栏中的"等距线"⏋图标，在立即菜单中输入距离为95.7，拾取竖直中心线，选择向左箭头为等距方向，生成距离为95.7的等距线。

13）单击曲线生成栏上的"整圆"⊕图标，在立即菜单中选择"圆心点_半径"，然后按照提示单击选取R55圆的圆心作为圆心，输入半径102.5，单击右键确认。仍然选择"圆心点_半径"，然后按照提示单击选取95.7的等距线与R102.5圆的交点作为圆心，输入半径为47.5，单击右键结束该圆的绘制，如图5-193所示。

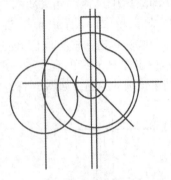

图5-192　绘制圆

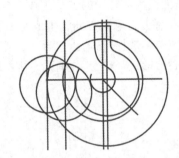

图5-193　绘制圆

14）单击"曲线过渡"┌图标，选择"圆弧过渡"方式，半径为6，对两个R47.5的圆弧进行过渡，如图5-194所示。

15）单击"删除"⌀图标，拾取要删除的元素，然后右击确认。单击"曲线过渡"┌图标，选择"尖角"方式，修剪多余的曲线，如图5-195所示。

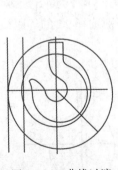

图5-194　曲线过渡

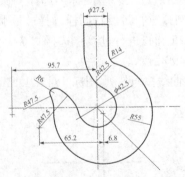

图5-195　曲线裁剪

2. 绘制吊钩截面线

1）绘制截面线1。单击曲线生成栏中的"等距线"⏋图标，在立即菜单中输入距离

25，拾取上部直线，选择向下箭头为等距方向，生成距离为 25 的等距线。

2）单击曲线生成栏上的"整圆" ⊕图标，在立即菜单中选择绘圆方式"圆心点_半径"，然后按照提示单击选取 25 的等距线的中点为圆心，中点到端点的距离为半径，之后右击结束该圆的绘制。单击"曲线裁剪" 图标，拾取下部分圆弧，右击确认，如图 5-196 所示。

3）绘制截面线 2。单击"直线" ╱图标，在界面左侧的立即菜单中选择"角度线"，与 X 轴夹角 45°，如图 5-197 所示。

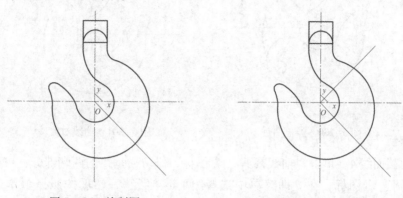

图 5-196　绘制圆　　　　　　　　　　图 5-197　角度线

4）单击"曲线裁剪" 图标，裁剪掉不需要的部分；单击曲线生成栏上的"整圆" ⊕图标，在立即菜单中选择绘圆方式"圆心点_半径"，然后按照提示单击选取截面线 2 的中点为圆心，中点到端点的距离为半径，之后右击结束该圆的绘制；单击"曲线裁剪" 图标，拾取下部分圆弧，右击确认，如图 5-198 所示。

5）绘制截面线 3。单击"曲线裁剪" 图标，修剪 -45°直线的两端部分；单击曲线生成栏上的"整圆" ⊕图标，在立即菜单中选择绘圆方式"两点_半径"，然后按照提示单击分别选取 R47.5 圆弧的切点和 -45°线的左侧端点，半径为 25，之后右击结束该圆的绘制；同样在立即菜单中选择绘圆方式"两点_半径"，按照提示单击分别选取 R55 圆弧的切点和 -45°线的右侧端点，半径为 6，然后右击结束该圆的绘制；如图 5-199 所示。

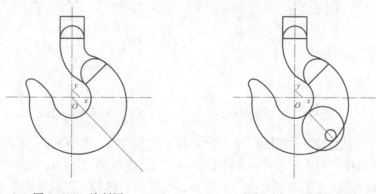

图 5-198　绘制圆　　　　　　　　　　图 5-199　绘制截面线

6）单击"直线" ╱图标，在界面左侧的立即菜单中选择"角度线"，与直线夹角 -16°，选取 -45°线作为参照直线、R6 圆弧的切点为直线的起始点，任意选取缺省点为终点，如图 5-200 所示。

7）单击"曲线过渡" 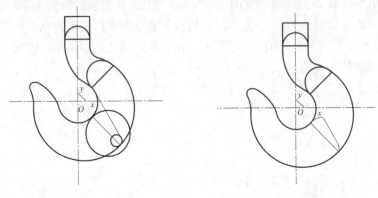图标，选择"圆弧过渡"方式，半径为6，对直线 R25 圆弧进行过渡；同样选择"尖角"方式，分别选择 −16°直线和 R6 的圆弧，如图 5-201 所示。

图 5-200　绘制直线　　　　　　　　图 5-201　曲线过渡

8）绘制截面线 4。单击"曲线裁剪" 图标，修剪铅垂线的两端部分；单击曲线生成栏上的"整圆" ⊙图标，在立即菜单中选择"两点_半径"，然后按照提示单击分别选取 R47.5 圆弧的切点和铅垂线的上侧端点，半径为 21.5，之后右击结束该圆的绘制；同样在立即菜单中选择"两点_半径"，按照提示单击分别选取 R55 圆弧的切点和铅垂线的下侧端点，半径为 6，然后右击结束该圆的绘制，如图 5-202 所示。

9）单击"直线" /图标，在界面左侧的立即菜单中选择"角度线"，与直线的夹角为−16°，选取铅垂线作为参照直线，R6 圆弧的切点为直线的起始点，任意选取缺省点为终点，如图 5-203 所示。

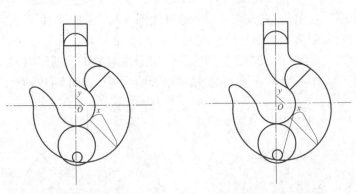

图 5-202　绘制截面　　　　　　　　图 5-203　绘制直线

10）单击"曲线过渡" 图标，选择"圆弧过渡"方式，半径为6，对直线和 R25 圆弧进行过渡；同样选择"尖角"方式，分别选择 −16°的直线和 R6 的圆弧，如图 5-204 所示。

11）绘制截面线 5。单击"直线" /图标，在界面左侧的立即菜单中选择"两点线"，分别选择钩头 R6 圆弧的两个端点。

12）单击曲线生成栏上的"整圆" ⊙图标，在立即菜单中选择绘圆方式"圆心点_半径"，然后按照提示单击选取截面线 5 的中点为圆心，中点到端点的距离为半径，之后右击结束该圆的绘制；单击"曲线裁剪" 图标，拾取下部分圆弧，右击确认，如图 5-205 所示。

172

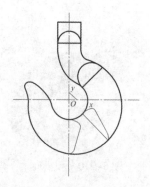

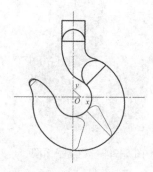

图 5-204　曲线过渡　　　　　　　图 5-205　曲线裁剪

3. 对截面线进行空间变换

1）按 F8 键进入轴侧图状态，需要对图中 6 处截面线进行绕轴旋转，使它们都能垂直于 XY 平面。需要注意的是，中段截面线在旋转前需要先用组合曲线命令将截面 3 和截面 4 的曲线组合成一条样条线。单击"曲线组合" ⇔ 图标，拾取截面线，并选择方向，将其组合成样条曲线，如图 5-206 所示。

2）单击"曲线旋转" 图标，采用移动方式旋转 90°，系统会提示拾取旋转轴的两个端点。注意旋转轴的指向（始点向终点）和旋转方向符合右手法则，各段曲线旋转后的结果如图 5-207 所示。

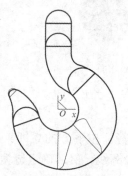

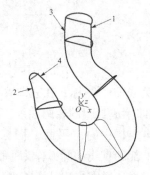

图 5-206　曲线组合　　　　　　　图 5-207　曲线组合

3）对底面轮廓线曲线进行组合。将 1、2 两点之间的曲线组合成一条样条线，将 3、4 两点之间的曲线组合成一条样条线。

4. 生成曲面

1）单击曲面生成栏中的"网格面" 图标，依次拾取 U 截面线共两条，右击确认；再依次拾取 V 截面线共 7 条，右击确认，稍等片刻后曲面生成，如图 5-208 所示。

2）单击曲面生成栏中的"平面" 图标，在特征树下方的立即菜单中选择"裁剪平面"。单击拾取钩上部直线和圆弧作为平面的外轮廓线，然后确定链搜索方向（单击选取箭头），右击确认，如图 5-209 所示。

图 5-208　网格面

3）单击曲面生成栏中的"扫描面" 图标，选择在 Z 轴负方向，扫描距离为 5，扫描曲线为底部轮廓线，如图 5-210 所示。

图 5-209　裁剪平面图

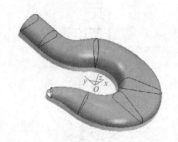

图 5-210　扫描面

4）生成吊钩头部的球面。单击曲线生成栏中的"直线" $\diagup$ 图标，在界面左侧的立即菜单中选择"两点线"，选择吊钩头部 $R6$ 圆弧的端点做直线，接着重复单击"直线" $\diagup$ 图标，过该直线和 $R6$ 圆弧的中点做直线。单击"曲线裁剪" $\cancel{\ }$ 图标，拾取 $R6$ 圆弧的右侧圆弧，右击确认。应用旋转面命令，以刚做的直线为旋转轴，$R6$ 圆弧为母线旋转 180°，生成的曲面如图 5-211 所示。

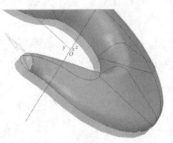

图 5-211　吊钩头部球面

5）单击"相关线" 图标，在立即菜单中选择"曲面边界""单根"，拾取刚生成的扫描面的下边缘，即生成封闭的轮廓曲线。

6）单击曲面生成栏中的"平面"图标，并在特征树下方的立即菜单中选择"裁剪平面"。单击拾取钩上部的直线和圆弧作为平面的外轮廓线，然后确定链搜索方向（单击选取箭头），确定链搜索方向后右击确认，将曲线隐藏，如图 5-212 所示。

7）换 F5 键，在特征树中单击"XY 平面"，利用"直线"工具 $\diagup$ 和"等距线"工具 $\daleth$ 绘制如图 5-213 所示的图形。

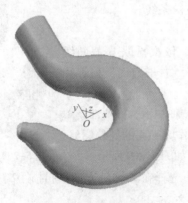

图 5-212　裁剪平面

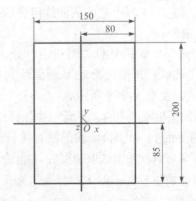

图 5-213　直线

8）单击"平移" ✎图标，选择吊钩底部轮廓线和矩形边框线，在界面左侧的立即菜单中选择"偏移量"和"拷贝"选项，设置 DX = 0、DY = 0、DZ = -5，右击确认，如图 5-214 所示。

9）单击曲面生成栏中的"平面" ⬭图标，拾取平移后的矩形边框线和轮廓线，确定链搜索方向，然后右击确认，如图 5-215 所示。

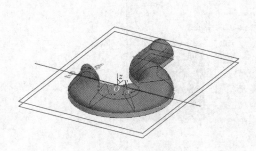

图 5-214　曲线平移

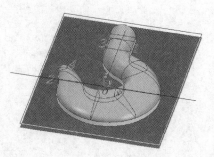

图 5-215　平面

10）单击"平移" ✎图标，选择首次绘制的矩形边框线，在界面左侧的立即菜单中选择"偏移量"和"拷贝"选项，设置 DX = 0、DY = 0、DZ = -15，右击确认，如图 5-216 所示。

11）通过直纹面生成曲面。单击曲面生成栏中的"直纹面" ◩图标，在特征树下方的立即菜单中选择"曲线+曲线"方式生成直纹面，然后单击拾取相距 10 的两个矩形轮廓线完成曲面，如图 5-217 所示。

注意：在拾取相邻直线时，单击拾取位置应该尽量保持一致（相对应的位置），这样才能保证得到正确的扫描面。

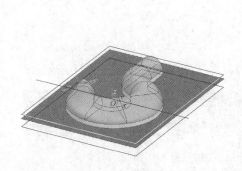

图 5-216　曲线平移

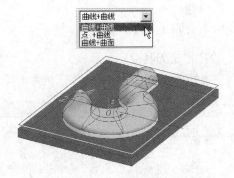

图 5-217　直纹面

12）在菜单栏中选择"设置"→"拾取过滤设置"命令，在弹出的对话框中取消"图形元素的类型"中的"空间曲面"项，如图 5-218 所示。选择菜单栏中的"编辑"→"隐藏"命令，框选所有曲线，然后右击确认，将线框全部隐藏，结果如图 5-219 所示。

5. 加厚成实体

单击"曲面加厚增料"图标，选择"闭合曲面填充"，设置精度为 0.1，拾取所有曲面，然后单击"确定"按钮。选择菜单栏中的"编辑"→"隐藏"命令，框选所有曲面，然后右击确认，将曲面全部隐藏，结果如图 5-220 所示。

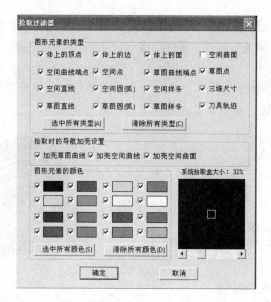

图 5-218　拾取过滤设置

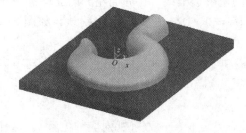

图 5-219　隐藏线框

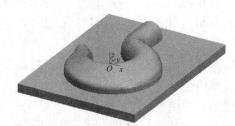

图 5-220　曲面加厚增料

5.6.3　加工设置

1. 设定加工刀具

在轨迹管理栏中双击"刀具库"，弹出"刀具库"对话框，如图 5-221 所示。

类型	名 称	刀 号	直 径	刃 长	全 长	刀杆类型	刀杆直径	半径补偿号	长度补偿号
立铣刀	EdML_0	0	10.000	50.000	80.000	圆柱	10.000	0	0
立铣刀	EdML_0	1	10.000	50.000	100.000	圆柱 + 圆锥	10.000	1	1
圆角铣刀	BulML_0	2	10.000	50.000	80.000	圆柱	10.000	2	2
圆角铣刀	BulML_0	3	10.000	50.000	100.000	圆柱 + 圆锥	10.000	3	3
球头铣刀	SphML_0	4	10.000	50.000	80.000	圆柱	10.000	4	4
球头铣刀	SphML_0	5	12.000	50.000	100.000	圆柱 + 圆锥	10.000	5	5
燕尾铣刀	DvML_0	6	20.000	6.000	80.000	圆柱	20.000	6	6
燕尾铣刀	DvML_0	7	20.000	6.000	100.000	圆柱 + 圆锥	10.000	7	7
球形铣刀	LoML_0	8	12.000	12.000	80.000	圆柱	12.000	8	8
球形铣刀	LoML_1	9	10.000	10.000	100.000	圆柱 + 圆锥	10.000	9	9

刀具库　共 11 把　增加　清空　导入　导出　确定　取消

图 5-221　"刀具库"对话框

单击"增加"按钮，弹出"刀具定义"对话框，如图 5-222 所示。增加一个粗加工需要的铣刀 D10，设定增加的铣刀的参数，在"刀具定义"对话框中输入正确的数值，刀具定义即可完成。同理增加一把球头铣刀 R3，其中的刃长和刀杆长与仿真有关，与实际加工无关，在实际加工中要正确地选择吃刀量和吃刀深度，以免损坏刀具。

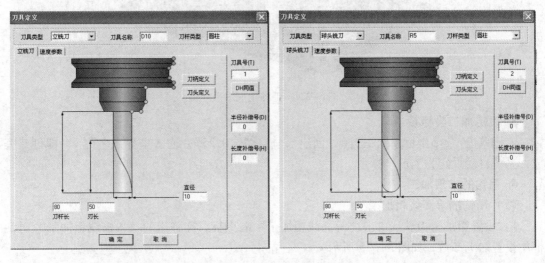

图 5-222　定义 D10 和 R3 刀具

2. 设定加工毛坯

1）双击特征树的轨迹管理栏中的"毛坯"，弹出"毛坯定义"对话框，单击"参照模型"，在系统给出的尺寸中进行调整，如图 5-223 所示。

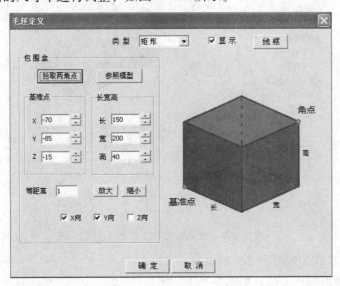

图 5-223　"毛坯定义"对话框

2）单击"确定"按钮，生成毛坯，如图 5-224 所示。

3）用鼠标右键单击特征树的轨迹管理栏中的"毛坯"，选择"隐藏毛坯"命令，可以将毛坯隐藏。

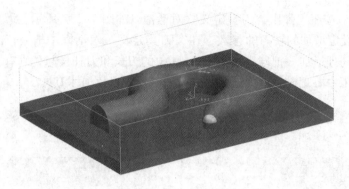

图 5-224　毛坯生成效果

3. 设定加工坐标系

右键单击"sys 坐标系",选择"创建",输入"0,0,25",输入坐标系名称1,即创建完成,系统自动设定为当前坐标系。

4. 吊钩的常规加工

（1）吊钩的等高线粗加工

1）设置粗加工参数。单击"等高线粗加工" 图标,在弹出的"等高线粗加工"对话框中设置加工参数,如图 5-225 所示。

图 5-225　等高线粗加工的加工参数

2）设置连接参数,如图 5-226 所示。

3）设置下/抬刀方式参数,如图 5-227 所示。

4）设置距离参数,如图 5-228 所示。

5）设置切削用量参数,如图 5-229 所示。

6）设置刀具参数。单击"刀库"按钮,选择我们增加的刀具号为1的D10立铣刀,如图 5-230 所示。

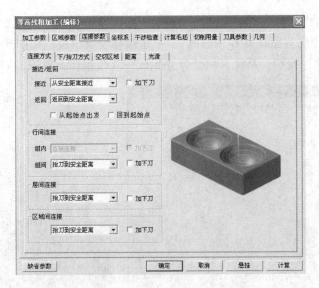

图 5-226 等高线粗加工的连接参数

图 5-227 等高线粗加工的下/抬刀方式参数

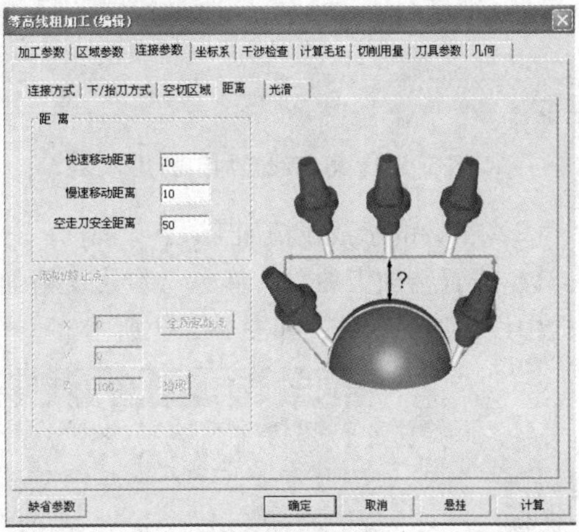

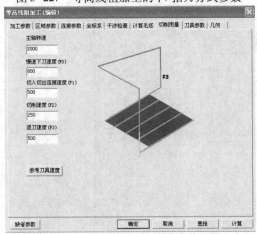

图 5-229 等高线粗加工的切削用量参数

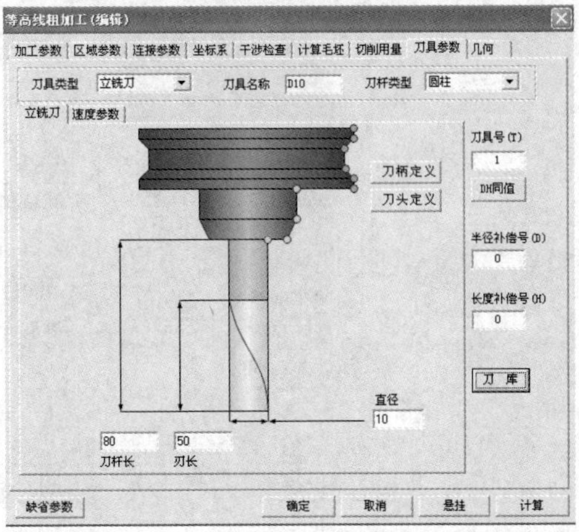

图 5-228 等高线粗加工的距离参数

图 5-230 等高线粗加工的刀具参数

7）设置几何参数。单击"加工曲面"按钮，根据左下角提示拾取加工对象，用鼠标左键选取吊钩的上表面和侧面（共6个曲面），单击鼠标右键结束，如图5-231所示。

8）单击"确定"按钮，系统开始计算并生成等高线粗加工轨迹，如图5-232所示。

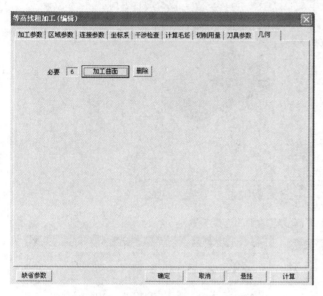

图5-231　等高线粗加工的几何参数

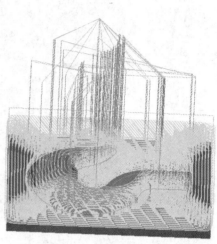

图5-232　等高线粗加工轨迹生成

（2）吊钩的参数线精加工

1）设置精加工参数。单击"参数线精加工" 图标，在弹出的"参数线精加工"对话框中设置加工参数，如图5-233所示。

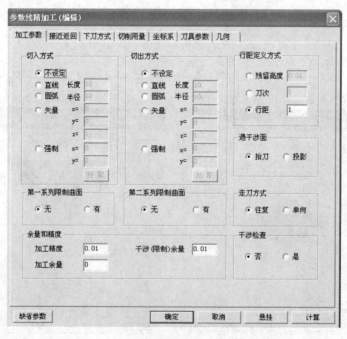

图5-233　参数线精加工的加工参数

2）接近返回和下刀方式参数默认即可。

3）设置切削用量参数，如图 5-234 所示。

4）设置坐标系参数，使用新创建的名称为"1"的坐标系，如图 5-235 所示。

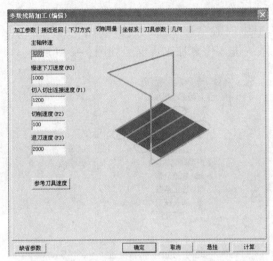

图 5-234　参数线精加工的切削用量参数

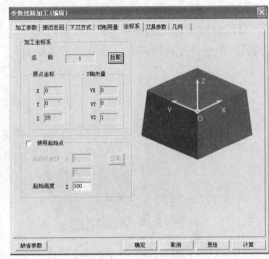

图 5-235　参数线精加工的坐标系参数

5）设置刀具参数。单击"刀库"按钮，选择我们增加的刀具号为 2 的 R3 球头铣刀。

6）设置几何参数。单击"加工曲面"按钮，根据左下角提示拾取加工对象，用鼠标左键选取吊钩的上表面，单击鼠标右键结束，如图 5-236 所示。

7）单击"确定"按钮，系统开始计算并生成参数线精加工轨迹，如图 5-237 所示。

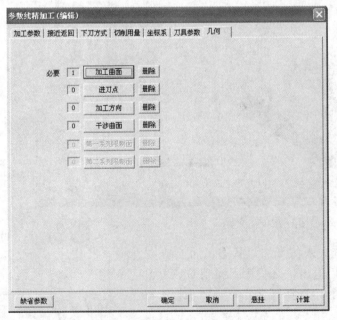

图 5-236　参数线精加工的几何参数

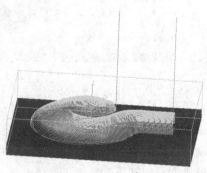

图 5-237　参数线精加工轨迹

5.6.4 轨迹生成与验证

1）用鼠标右键单击轨迹树中的"刀具轨迹"，选择"全部显示"命令，显示所有已生成的加工轨迹，如图5-238所示。

2）右键单击轨迹树中的"刀具轨迹"，选中生成的全部加工轨迹，如图5-239所示。再右键单击"刀具轨迹"，选择"实体仿真"，系统进入仿真加工界面，如图5-240所示。

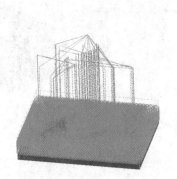

图5-238　生成的加工轨迹

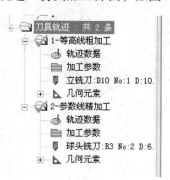

图5-239　选中加工轨迹

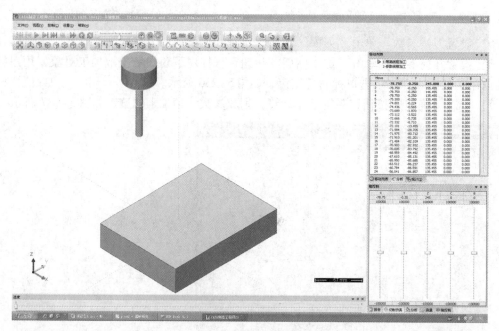

图5-240　仿真加工界面

3）单击"开始" ▶按钮，系统进入仿真加工状态，加工结果如图5-241所示。仿真检验无误后退出仿真程序，回到CAXA制造工程师2013的主界面，在菜单栏中选择"文件"→"保存"命令保存粗加工和精加工轨迹。

图5-241　仿真加工结果

5.6.5 生成 G 代码

1. 后置设置

在菜单栏中选择"加工"→"后置处理"→"后置设置"命令，弹出"选择后置配置文件"对话框，如图 5-242 所示。选择当前机床类型为 fanuc，单击"编辑"按钮，打开"CAXA 后置配置"对话框，如图 5-243 所示，根据当前的机床设置各参数，然后另存，一般不需要改动。

图 5-242 "选择后置配置文件"对话框

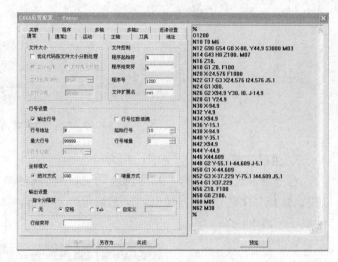

图 5-243 机床参数

2. 生成 G 代码并保存

在菜单栏中选择"加工"→"后置处理"→"生成 G 代码"命令，弹出"生成后置代码"对话框，如图 5-244 所示。单击"代码文件"按钮，弹出"另存为"对话框，如图 5-245 所示，填写加工代码文件名"504"，单击"保存"按钮。

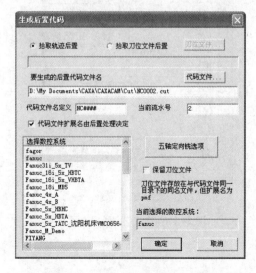

图 5-244 "生成后置代码"对话框

图 5-245　"另存为"对话框

3. 生成工艺清单

右键单击轨迹树中的"刀具轨迹",选中生成的全部加工轨迹,再右键单击"刀具轨迹",选择"工艺清单",弹出"工艺清单"对话框,如图 5-246 所示,单击"确定"按钮生成工艺清单。

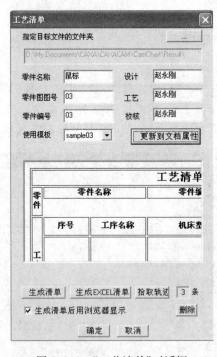

图 5-246　"工艺清单"对话框

★拓展训练★

完成图 5-247 ~ 图 5-256 所示零件的造型及代码生成。

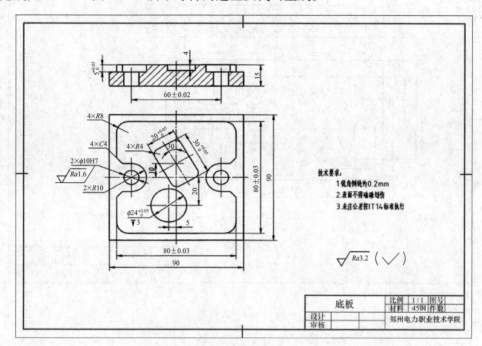

图 5-247　底板

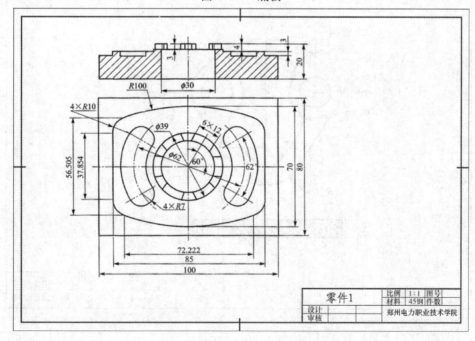

图 5-248　零件 1

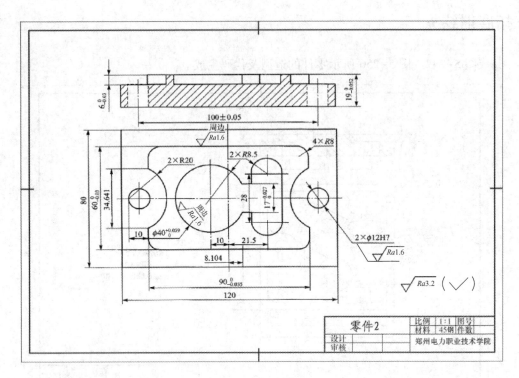

图 5-249　零件 2

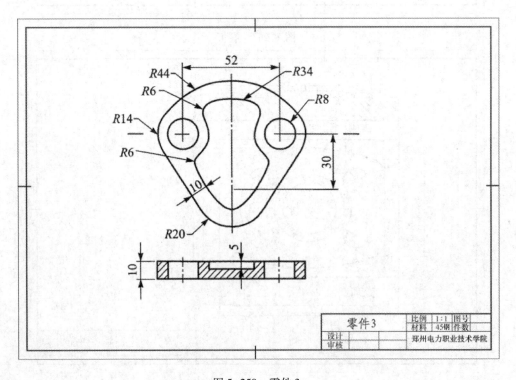

图 5-250　零件 3

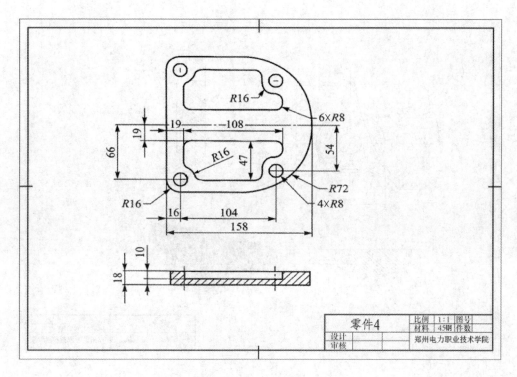

图 5-251　零件 4

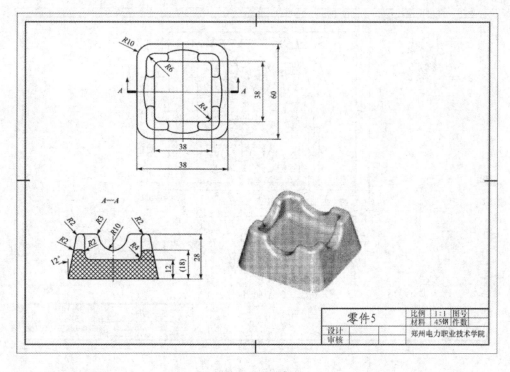

图 5-252　零件 5

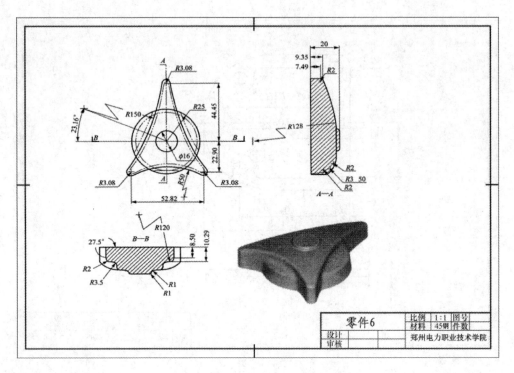

图 5-253　零件 6

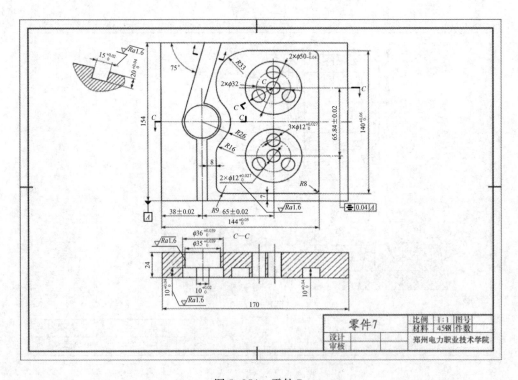

图 5-254　零件 7

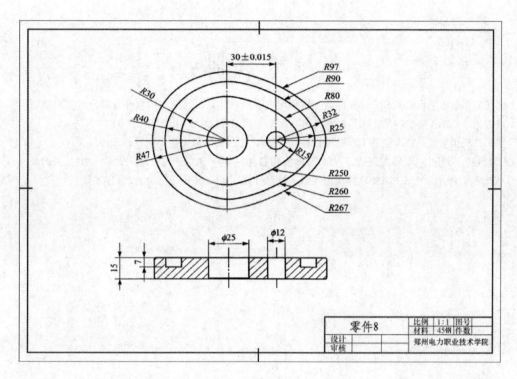

图 5-255　零件 8

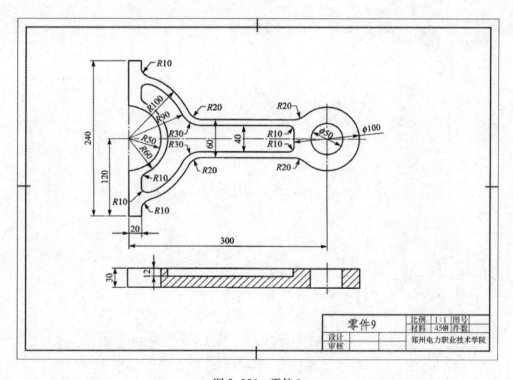

图 5-256　零件 9

参 考 文 献

［1］北航海尔软件有限公司．CAXA制造工程师用户手册．北京：北航海尔软件有限公司，2006.

［2］张方阳．CAXA造型与加工项目教程［M］．武汉：华中科技大学出版社，2011.

［3］罗军，杨国安．CAXA制造工程师项目教程［M］．北京：机械工业出版社，2010.

［4］万晓航，韩开生．CAXA制造工程师2008实用教程［M］．北京：北京理工大学出版社，2010.

［5］张国军，许芃．CAD/CAM软件应用技术［M］．北京：电子工业出版社，2011.